电流互感器典型故障案例及运检策略

主　编：万　华　晏年平　卢志学
副主编：曾磊磊　刘　阳　徐碧川　叶心平　童　涛
参　编：王　鹏　康　兵　刘红文　熊军辉　万亚玲

江西科学技术出版社
江西·南昌

图书在版编目(CIP)数据

电流互感器典型故障案例及运检策略 / 万华, 晏年平, 卢志学主编. -- 南昌：江西科学技术出版社, 2025.3. -- ISBN 978-7-5390-9339-0

Ⅰ. TM452.07

中国国家版本馆 CIP 数据核字第 2024WX3857 号

电流互感器典型故障案例及运检策略 万华 晏年平 卢志学 主编
DIANLIU HUGANQI DIANXING GUZHANG ANLI JI YUNJIAN CELÜE

出版 发行	江西科学技术出版社
社址	南昌市蓼洲街 2 号附 1 号 邮编:330009　电话:(0791)86623491　86639342(传真)
印刷	江西骁翰科技有限公司
经销	全国新华书店
开本	787 mm×1092 mm　1/16
字数	150 千字
印张	7.5
版次	2025 年 3 月第 1 版
印次	2025 年 3 月第 1 次印刷
书号	ISBN 978-7-5390-9339-0
定价	98.00 元

国际互联网(Internet) 地址:http://www.jxkjcbs.com　　选题序号:ZK2024092　　赣版权登字:-03-2025-29
责任编辑:范春龙　　　　　装帧设计:傅司晨
版权所有　侵权必究
(赣科版图书凡属印装错误,可向承印厂调换)

前 言

　　电力系统作为现代社会运行的基石，其安全稳定运行离不开关键设备的可靠保障。电流互感器作为电力系统中不可或缺的测量与保护元件，承担着高精度信号传递、继电保护及故障录波等重要功能。然而，随着智能电网建设加速、新能源大规模并网以及电力设备运行环境复杂化，电流互感器的故障类型日益多样，运维检修工作面临全新挑战。本书立足行业痛点，系统梳理了电流互感器在工程设计、生产制造、现场安装及运行维护全生命周期中的典型问题，结合近十年江西电网电流互感器典型案例，旨在为一线技术人员提供参考。本书适用于电力系统运维检修人员、设备制造企业技术人员、电力科研院所研究人员及相关专业高校师生。读者既可将其作为日常工作的案头工具书，快速定位故障处理方法，也可通过系统性学习深入掌握电流互感器的运行机理与状态评估方法。

　　本书的编写得到了江西电网各各地市公司的大力支持，部分案例数据来源于各地市公司故障案例库，在此一并致谢。由于电力技术发展日新月异，书中难免存在疏漏之处，恳请广大读者批评指正。愿本书能成为电力工作者手中的一盏明灯，为保障电流互感器安全运行、推动智能运检技术发展贡献绵薄之力。

目 录

第一章 电流互感器基本原理与结构 ········· 1
一、电流互感器基本原理 ········· 1
   (一) 工作原理 ········· 1
   (二) 基本电磁关系 ········· 4
   (三) 准确级与额定容量 ········· 4
   (四) 复合误差、限值系数与保安系数 ········· 4
   (五) 动热稳定电流 ········· 5
   (六) 安全要求 ········· 7
二、电流互感器结构 ········· 8
   (一) 铁芯与绕组 ········· 8
   (二) 干式、树酯浇注式电流互感器 ········· 10
   (三) 油浸式电流互感器 ········· 12
   (四) SF_6 气体绝缘电流互感器 ········· 13

第二章 电流互感器典型故障案例 ········· 16
一、电流互感器金属膨胀器冲顶 ········· 16
   (一) 事件基本情况 ········· 16
   (二) 现场检查及试验情况 ········· 16
   (三) 返厂试验及解体检查情况 ········· 17
   (四) 原因分析 ········· 22

（五）下一步工作建议 ··· 22

二、电流互感器绝缘受潮 ··· 23
　　（一）事件基本情况 ··· 23
　　（二）现场检查及试验情况 ·· 23
　　（三）返厂试验及解体检查情况 ··· 23
　　（四）原因分析 ·· 28
　　（五）下一步工作建议 ··· 28

三、电流互感器末屏漏油 ··· 29
　　（一）事件基本情况 ··· 29
　　（二）现场检查及试验情况 ·· 29
　　（三）故障原因分析 ··· 29
　　（四）下一步工作建议 ··· 30

四、电流互感器末屏放电 ··· 30
　　（一）事件基本情况 ··· 30
　　（二）现场检查及试验情况 ·· 30
　　（三）原因分析 ·· 33
　　（四）下一步工作建议 ··· 34

五、电流互感器外瓷套开裂 ··· 34
　　（一）事件基本情况 ··· 34
　　（二）现场检查及试验情况 ·· 34
　　（三）原因分析 ·· 40
　　（四）下一步工作建议 ··· 41

六、电流互感器爆燃 ·· 41
　　（一）事件基本情况 ··· 41
　　（二）现场检查及试验情况 ·· 41
　　（三）原因分析 ·· 47
　　（四）下一步工作建议 ··· 48

七、电流互感器电流测量异常 ·· 48
　　（一）事件基本情况 ··· 48
　　（二）现场检查及试验情况 ·· 49
　　（三）返厂试验及解体检查情况 ··· 49
　　（四）原因分析 ·· 54

八、电流互感器异响
(一)事件基本情况 ········· 54
(二)返厂试验及解体检查情况 ········· 54
(三)原因分析 ········· 57
(四)下一步工作建议 ········· 57

九、电流互感器绝缘支撑件击穿
(一)事件基本情况 ········· 58
(二)现场检查及试验情况 ········· 58
(三)返厂试验及解体检查情况 ········· 60
(四)雷电过电压侵入情况仿真分析 ········· 63
(五)原因分析 ········· 65
(六)下一步工作建议 ········· 66

十、电流互感器盆式绝缘子沿面放电
(一)事件基本情况 ········· 67
(二)现场检查及试验情况 ········· 67
(三)返厂试验及解体检查情况 ········· 68
(四)原因分析 ········· 72
(五)下一步工作建议 ········· 72

十一、电流互感器主绝缘放电
(一)事件基本情况 ········· 73
(二)现场检查及试验情况 ········· 73
(三)返厂试验及解体检查情况 ········· 74
(四)原因分析 ········· 83
(五)下一步工作建议 ········· 84

十二、电流互感器二次线圈屏蔽罩放电
(一)事件基本情况 ········· 84
(二)现场检查及试验情况 ········· 84
(三)返厂试验及解体检查情况 ········· 88
(四)原因分析 ········· 93
(五)下一步工作建议 ········· 95

第三章 电流互感器技术标准执行指导意见 ········· 96
一、范围 ········· 96

二、标准体系概况 ·· 96
 (一)主标准 ·· 96
 (二)从标准 ·· 97
 (三)支撑标准 ·· 98
三、标准执行说明 ·· 98
 (一)主标准 ·· 98
 (二)从标准 ·· 102

第四章 SF$_6$气体绝缘电流互感器运维检修指导意见 ············ 109
一、强化气体绝缘 CT 运维管理 ·· 109
 (一)运维巡视 ·· 109
 (二)消缺管理 ·· 109
二、规范典型缺陷处理 ·· 109
三、强化气体绝缘 CT 检修管理 ·· 110
 (一)检修试验 ·· 110
 (二)故障处置 ·· 110
四、强化气体绝缘 CT 运维检修阶段技术监督 ························· 111

第一章 电流互感器基本原理与结构

一、电流互感器基本原理

(一) 工作原理

电流互感器是一种专门用作变换电流的特种变压器,其工作原理如图1.1.1所示。

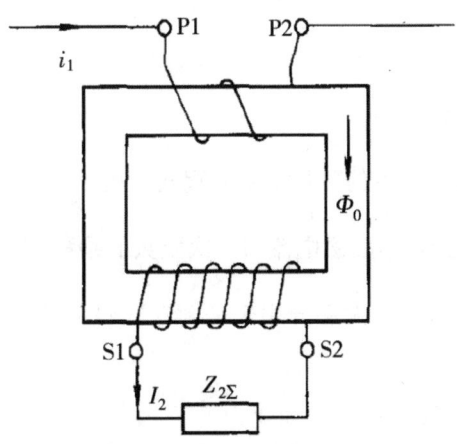

图 1.1.1 电流互感器工作原理

互感器的一次绕组串联在被测量的电力线路中,线路电流就是互感器的一次电流 I_1;二次绕组外部回路串接有测量仪表、继电保护、自动装置等二次设备。由于各类阻抗很小,正常运行时二次接近于短路状态。二次电流 I_2 在正常使用条件下实质上与一次电流成正比,二次负荷对一次电流不会造成影响。

在图 1.1.1 中,用一个集中阻抗 $Z_{2\Sigma}$ 来表示二次设备的(电流绕组)阻抗及二次回路的连接导线阻抗。

(二) 基本电磁关系

当一次绕组中流过电流 I_1 时,由于电磁感应在二次绕组中就会感应出电势 E_2,在二次绕组接通二次负荷的情况下,有二次电流 I_2 流通。

电力线路中的一次电流各不相同,通过电流互感器一、二次绕组匝数比的配置,一般将不同的一次电流变换为标准值为 5 A 或 1 A 的二次电流。

①根据变压器工作原理。当电流 I_1 流过互感器数为 N_1 的一次绕组时,将建立一次磁势 $I_1 N_1$,一次磁势又叫一次安匝。同理,二次电流 I_2 与二次绕组匝数 N_2 的乘积构成二次磁势 $I_2 N_2$,又叫二次安匝。

一次磁势与二次磁势的相量和即为励磁磁势

$$\dot{I}_1 N_1 + \dot{I}_2 N_2 = \dot{I}_0 N_1 \tag{1.1.1}$$

式中:I_1——一次电流;

N_1——一次绕组匝数;

I_2——二次电流;

N_2——二次绕组匝数;

I_0——励磁电流。

式(1.1.1)就是电流互感器的磁势平衡方程式。可见,一次磁势 $I_1 N_1$ 包括两部分,其中很小一部分用来励磁,它是励磁电流与一次匝数的乘积 $I_0 N_1$,叫励磁磁势或叫励磁安匝,以产生主磁通 Φ_0,另外一大部分用来平衡二次磁势 $I_2 N_2$,这一部分磁势与二次磁势大小相等方向相反。

当忽略励磁电流时,式(1.1.1)可简化为

$$\dot{I}_1 N_1 = - \dot{I}_2 N_2 \tag{1.1.2}$$

若以额定值表示,则可写成 $I_{1n} N_1 = - I_{2n} N_2$,即

$$K_n = \frac{I_{1n}}{I_{2n}} \approx \frac{N_2}{N_1} \tag{1.1.3}$$

K_n 称为额定电流比,即电流互感器额定一次电流对额定二次电流之比,它是电流互感器主要参数之一。

式(1.1.1)还可表示为

$$\dot{I}_1 + \dot{I}_2 \frac{N_2}{N_1} = \dot{I}_0$$

$$\dot{I}_1 + \dot{I}'_2 = \dot{I}_0 \tag{1.1.4}$$

式中，$\dot{I}'_2 = \dot{I}_2 \dfrac{N_2}{N_1}$ 为折算到一次侧的二次电流。

②全部物理量折算后，电流互感器的二次电势平衡方程式为

$$\dot{E}'_2 = \dot{U}'_2 + \dot{I}'_2(R'_2 + jX'_2) \tag{1.1.5}$$

式中，E'_2——主磁通 Φ_0 在二次绕组感应的电势（折算到一次侧），kV；R'_2——二次绕组电阻（折算到一次侧），Ω；X'_2——二次绕组漏电抗（折算到一次侧），Ω。

式（1.1.5）表示了互感器的二次绕组感应电势 E'_2 与二次绕组内部阻抗压降 $\dot{I}'_2(R'_2 + jX'_2)$ 和二次端电压 $\dot{U}'_2$ 相平衡的关系。

因为二次端电压就是二次负荷上的电压降，即

$$\dot{U}'_2 = \dot{I}'_2 Z'_n = \dot{I}'_2(R'_z + jX'_z) \tag{1.1.6}$$

将式（1.1.6）代入式（1.1.5）有

$$\dot{E}'_2 = \dot{I}'_2[(R'_2 + R'_z) + j(X'_2 + X'_z)] \tag{1.1.7}$$

式中，R'_z——二次负荷的电阻（折算到一次侧），Ω；X'_z——二次负荷的电抗（折算到一次侧），Ω。

式（1.1.7）中，$R'_2 + R'_z = R'_{2\Sigma}$ 为二次回路总电阻，$X'_2 + X'_z = X'_{2\Sigma}$ 为二次回路总电抗。和变压器一样，电流互感器一次侧的电势平衡方程为

$$\dot{U}_1 = -\dot{E}_1 + \dot{I}_1(R_1 + jX_1) \tag{1.1.8}$$

式中，U_1——一次绕组端电压，kV；E_1——主磁通 Φ_0 在一次绕组感应的电势，kV；R_1——一次绕组电阻，Ω；X_1——一次绕组漏电抗，Ω。

电流互感器一次绕组的阻抗 $Z_1 = R_1 + jX_1$ 很小，可以近似认为等于0，故电压与一次感应电势相平衡，即 $\dot{U}_1 = -\dot{E}_1 = -\dot{E}'_2$，故得出一次绕组端电压与二次阻抗的关系为

$$\dot{U}_1 = -\dot{I}'_2[(R'_2 + R'_z) + j(X'_2 + X'_z)] \tag{1.1.9}$$

可以看出，电流互感器的一次端电压是随一次电流和二次负荷的变化而改变的，由 $\dot{U}_1 = -\dot{E}'_2$，所以感应此电势的主磁通 Φ_0 是经常有较大改变的，自然其励磁电流 I_0 也是有较大改变的，这一点与电压互感器磁路基本上是稳定的有显著的区别。

但在分析电流互感器的工作特性时，只注意一、二次电流的变换关系，而不考虑一次端电压的变化。因此，在绘制电流互感器的等值电路图和相量图时，通常都将一次绕组端电压和一次绕组阻抗等参数略去。

(三)准确级与额定容量

1. 准确级

电流互感器的准确度以标称准确级来表征,对应于不同的准确级有不同的误差要求,测量用电流互感器的标准准确级有 0.1、0.2、0.5、1、3、5 级,对特殊要求的还有 0.2S 和 0.5S 级。保护用电流互感器的标准准确级有 5P 和 10P 级。

对于测量用电流互感器的准确级是以额定电流下所规定的最大允许电流误差的百分数来标称的,而保护用电流互感器的准确级是以额定准确限值一次电流下的最大允许复合误差百分数来标称的(字母"P"表示保护用)。所谓额定准确限值一次电流是指,保护用电流互感器复合误差不超过限值的最大一次电流。保护用电流互感器实际上是在超过额定电流许多倍的短路电流流过一次绕组时,互感器才开始有效工作,向二次侧传递信息,以保证继电保护正确动作,此时必须有一定的准确度(即复合误)差不超过限值。

2. 额定容量

只有当二次负荷在额定容量的一定范围时,才能保证误差不超过规定限值,如测量用互感器二次负荷不得大于额定容量,也不得小于额定容量的 25%。对保护用互感器则要求二次负荷不得大于额定容量。二次负荷通常用视在功率(VA)来表示,当二次负荷用阻抗的欧姆值表示时,则有额定阻抗

$$Z_{2n} = \frac{S_{2n}}{(I_{2n})^2}(\Omega) \qquad (1.1.10)$$

式中,S_{2n}——额定二次容量,VA;I_{2n}——额定二次电流,A。标准规定,额定二次负荷是指二次在负荷功率因数为 0.8(滞后)时的值。

(四)复合误差、限值系数与保安系数

1. 复合误差

电流互感器在额定电流附近工作条件下,磁密很低,空载电流很小,一次及二次电流都是正弦波,电流互感器的误差是指额定频率和正弦波下的误差。但当系统发生短路后,短路电流很大,铁芯趋向饱和。由于励磁电流中高次谐波含量很大,即使一次电流为理想正弦波,二次电流也不会是正弦波。由于二次电流不是正弦波,就不能用相量图来分析它与一次电流的关系,这样就要用到复合误差的概念。

复合误差的定义是:在稳态情况下,按额定电流比折算到一次侧的二次电流瞬时值与实际一次电流瞬时值之差的方均根值(有效值),这样定义既适合正弦电流,也适合于

非正弦电流。复合误差通常以一次电流有效值的百分数来表示,即

$$\varepsilon_c(\%) = \frac{100}{I_1} \sqrt{\frac{1}{T} \int_0^T (K_n i_2 - i_1)^2 dt} \qquad (1.1.11)$$

式中,K_n——额定电流比;I_1——一次电流有效值,A;i_1——一次电流瞬时值,A;i_2——二次电流瞬时值,A;T——一个电流基波周期的时间,s。

复合误差用于衡量保护用电流互感器(P 级)的准确限值特性和测量用电流互感器的仪表保安特性。

2. 限值系数

限值系数又叫准确限值系数,是对保护用电流互感器而言的,它是额定准确限值一次电流(保证复合误差不超过限值的最大一次电流)与额定一次电流的比值,常用 ALF 表示,它是由用户根据电网规划设计来确定的。

铭牌上,常将保护用电流互感器的准确级与准确限值系数放在一起标注,如 10P20 表示互感器为 10P 级,准确限值系数为 $ALF=20$,即只要短路电流不超过 20 I_{1n},互感器的复合误差就不会超过 10%。

准确限值系数的标准值有 5、10、15、20、30。

3. 保安系数

保安系数又叫仪表保安系数,是对测量用电流互感器而言的。对于测量用电流互感器,在正常工作条件下,要求它误差小,有很高的准确度,而在一次过电流情况下,又希望其误差大,使得二次电流不再严格地按一次电流的增长而成比例地增长,以避免二次回路所接的仪器、仪表受大电流的冲击。基于同一原因,在保安电流下的误差也要用复合误差表示,计算公式也采用式(1.1.11)。其中的 I_1 此时即代表额定仪表限值(保安)电流,它与额定一次电流之比就是仪表保安系数,常用 FS 表示。

按规定,将测量用电流互感器的二次负荷为额定值情况下,其复合误差不小于 10% 的最小一次电流叫作额定仪表限值一次电流,推荐的 FS 值为 5 或 10。例如当规定某测量用电流互感器的仪表保安系数为 FS≤5,则表明此互感器在 5 倍额定一次电流下的复合误差必须大于或等于 10%。

(五)动热稳定电流

1. 正常工作时的发热特性——额定连续热电流

电流互感器的热特性包括正常长期工作时的热特性和短路电流流过时的短时热特性。

衡量长期工作时的热特性的两个指标是:额定连续热电流和连续电流下的温升限

值。国家标准定义额定连续热电流是指二次绕组带额定负荷时,一次绕组允许连续流过的电流值,此时互感器各部分的温升不超过规定限值。额定连续热电流通常就是额定一次电流,某些特殊情况下,互感器具有电流扩大值,则其额定连续热电流应为额定扩大一次电流,电流扩大值的标准值为额定电流的120%、150%和200%。

电流互感器各级绝缘材料所包括的材料如下。

Y级,指未经浸渍的棉、丝、电工绝缘纸板等材料。

A级,指浸渍过的或在液体电介质如油中沉浸过的棉、丝、电工纸板等材料。

E级,指耐热温度高于A级绝缘15℃的各种材料。

B级,指云母、玻璃纤维、石棉等的粘合材料及其他有机材料经试验能用在此温度范围(130℃)内工作的各种材料。

F级,指耐热性能高于B级绝缘材料25℃的各种材料。

H级,指云母、玻璃纤维、石棉用硅有机树脂粘合材料以及一切经过试验能用在此温度范围(180℃)内工作的各种材料。

2. 短时发热特性——额定短时热电流

电流互感器的短时热特性(热稳定)以额定短时热电流来衡量。国家标准对额定短时热电流的定义是指在二次绕组短路情况下,电流互感器在1s内能够承受而不致损伤的最大一次电流有效值。

在 $t \geq 1s$ 时,导体的发热主要由短路电流的周期分量有效值来决定,即

$$I_K = \frac{U_P}{\sqrt{3}X} \tag{1.1.12}$$

式中,U_P——系统平均电压;X——电源到短路点的电抗。

短路后导体最高平均温度不得超过表1.1.4中规定的θ_2值。为此应选择合适的短路电流密度,在设计时应控制绕组导线电流密度不超过允许值。对于铜导线$\leq 160 \text{ A/mm}^2$,对于铝导线$\leq 90 \text{ A/mm}^2$。

3. 额定动稳定电流

短路电流所产生的电动力(电磁力)的大小取决于短路电流的峰值。由短路电流计算可知,在短路过渡过程中,任一瞬间的短路电流i_K等于周期分量(稳态分量)与非周期分量之和,而非周期分量是按指数规律逐渐衰减的。又由短路电流变化曲线可知,当在短路瞬间负荷电流为零,且电压过零($u=0$)时,非周期分量的初始值最大,数值上等于周期分量的幅值,从而使得过渡过程中的短路电流也最大,且短路电流峰值(最大值,又叫冲击值)将出现在短路后半个周期($t=0.01s$)处,此时有

$$i_{K(t=0.01)} = (1 + e^{-\frac{0.01}{T_1}})\sqrt{2}\,I_K = K\sqrt{2}\,I_K \qquad (1.1.13)$$

式中，$i_{K(t=0.01)}$——短路电流峰值，A；

I_K——短路电流周期分量的有效值，$I_K = \dfrac{U_P}{\sqrt{3}X}$，A；

T_1——非周期分量衰减的时间常数，$T_1 = \dfrac{L}{R} = \dfrac{X}{314R}$，s；

U_P——系统平均电压，kV；

L、R、X——电源到短路点的电感、电阻、电抗，Ω；

K——短路电流冲击系数，$K = 1 + e^{-\frac{0.01}{T_1}}$。

在主要为电抗 X 的高压电网中，T_1 平均值可取 0.05 s，故 K = 1.8，则 $i_{K(t=0.01)}$ = $1.8 \times \sqrt{2}\,I_K \approx 2.5I_K$。

短路电流峰值与周期分量有效值的关系，就是标准规定的额定动稳电流与额定（1s）短时热电流之间的关系，即

$$I_{\text{dyn}} = 2.5 I_{\text{th}} \qquad (1.1.14)$$

式中，I_{dyn}——额定动稳定电流（峰值）；I_{th}——额定（1s）短时热电流（有效值）。

标准规定，电流互感器的短路强度以额定动稳定电流来衡量，定义额定动稳定电流是指在二次绕组短路情况下，电流互感器应能承受该最大的一次电流峰值的电磁力的作用，而无电气的或机械的损伤。

（六）安全要求

①一次设备外壳应用两根接地引下线与地网不同点接地，并满足热稳定、明敷并便于检测要求。

②电流互感器如果二次回路未接入负荷，就必须将二次侧短路。如果在一次绕组通有电流的情况下将二次绕组开路，则由于二次反磁势 I_2N_2 不存在，一次磁势 I_1N_1 将全部变成励磁磁势，铁芯急剧饱和，磁通波形畸变为矩形波。由于二次绕组感应电动势与磁通变化率 dφ/dt 成正比，因此在一个周波内磁通过零瞬间即由正到负或由负到正时，二次绕组将感应产生很高的尖顶波电势，对大变比电流互感器其值可达数千伏。

二次侧开路将造成以下不良结果：

二次侧开路将产生高电压危胁人身及设备安全；

铁芯会产生较大的剩磁，增加互感器误差；

造成测量、计量和保护装置等异常。

因此电流互感器运行时，严禁二次侧开路，对于备用绕组也不例外。但对二次绕组

带有抽头时,不用的抽头均应开路,防止形成短路匝。

③为防止过电压危害,电流互感器还必须注意做好安全接地,如二次绕组、外露铁芯等均应按要求接地。

④对于110 kV及以上电容屏型电流互感器运行中,末屏必须可靠接地。如果末屏开路,末屏对地就形成一个等值电容,它与电流互感器主电容屏相串联,末屏对地就会由地电位上升为高电位,造成事故。

二、电流互感器结构

(一)铁芯与绕组

1. 铁芯

当前电流互感器常用的铁芯材料有冷轧硅钢片、坡莫合金和铁基超微晶合金等几种。硅钢片既适用于保护级铁芯,也适用于一般测量级铁芯,应用普遍,价格也较低廉。坡莫合金和超微晶合金材料具有初始导磁率高、饱和磁密低的特点,但价格较高,只宜用于要求测量精度较高、仪表保安系数要求严格的测量级铁芯。

电流互感器常用的铁芯型式有叠片铁芯、卷铁芯(也叫环形铁芯)、开口铁芯等。

①叠片铁芯。由冷轧硅钢片沿辗扎方向(即磁力线方向)被冲剪成条料,再将条料叠积而成,组成口字形。叠片铁芯主要在35 kV及以下小电流互感器上使用。

②卷铁芯。由带状冷轧硅钢片卷制而成,形状有圆环形、椭圆形和矩形多种。卷铁芯性能十分理想,在35 kV及以上电流互感器上普遍采用,其他大电流互感器也经常采用。

③开口铁芯。也称带气隙铁芯,它是将卷铁芯经真空浸漆或环氧树脂固化后,再在切割机床上切成两瓣或多瓣,在切口处垫非磁性垫片后,再用不锈钢带绑扎成一个完整的铁芯。开口铁芯主要用在要求暂态特性的电流互感器上。

2. 二次绕组

二次绕组分矩形绕组和环形绕组两种,矩形绕组用于叠片铁芯,环形绕组用于卷铁芯。

矩形绕组导线绕在预制的骨架上,骨架分有端板和无端板两种,骨架材料用酚醛塑料或工程塑料做成,通过骨架装入铁芯。

环形绕组导线直接绕在包有铁芯绝缘的卷铁芯上,绕线时二次导线一般沿圆周均匀排列,有时为了控制误差,也人为地绕成不均匀排列,一层不能绕完时可绕多层,层间绝缘对油浸式互感器一般以0.05 mm纹纸带半叠两层,对干式或树脂浇注互感器则宜用

0.1 mm 聚酯薄膜半叠两层包扎。绕组的外包绝缘则用皱纹纸半叠三层,再用斜纹布带半叠一层扎紧,或用 0.1×20 mm 玻璃丝带半叠一层扎紧。对 SF_6 互感器二次层间用聚酯薄膜和有纬聚酯粘带包扎。

二次绕组导线一般采用铜线,对油浸式互感器常采用 QQ 型缩醛漆包线,对干式、浇注式和 SF_6 互感器常采用 QZ 型聚漆包线。一般聚酯或缩醛漆包线的绝缘膜,就能满足二次绕组匝间绝缘要求(耐受 4.5 kV),线径一般在 0.5~2.5 mm 之间。

二次绕组导线的引出,一般采用原导线,当引出线较长时可焊接软铜线引出。为方便从二次绕组改变电流互感器变比,目前很多二次绕组都引出中间抽头。链型绕组和倒立式互感器二次绕组,还应把多个二次绕组组合在一起,进行主绝缘包扎。

3. 一次绕组

电流互感器的一次绕组导体材质常采用电工用铜或电工用铝。浇注互感器一次电流较小匝数较多时,采用圆导线或扁导线,导线外带绝缘,如漆包线、玻璃丝包线、纸包线等。电流较大匝数较少时,则采用裸母线、裸铜带制造一次绕组,成形后再包聚酯薄膜 0.15~0.20 mm 的匝绝缘。

浇注式电流互感器常见的一次绕组形状及出线方式,如图 1.2.1 所示。

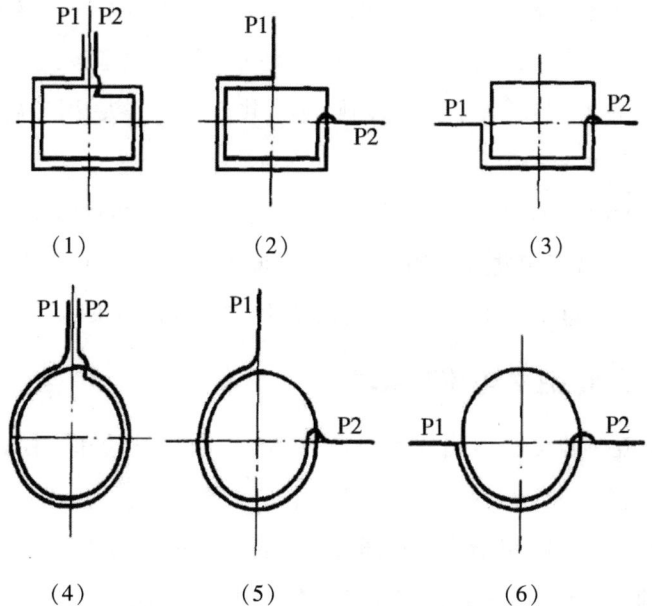

图 1.2.1 一次绕组形状及出线方式

高压电流互感器常见的一次绕组形状如图 1.2.2 所示。倒立式电流互感器常采用管状导体为一次绕组,电流较小时则采用软电缆以便绕制。

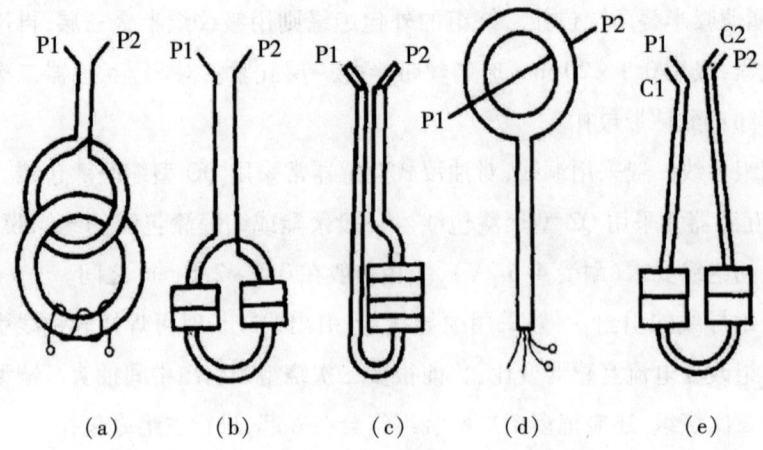

图1.2.2 高压电流互感器常见一次绕组形状图
(a)链形 (b)正立吊环结构 (c)发卡形 (d)倒立吊环形 (e)U形

高压互感器一次电流较小时，一次绕组可用几根裸铜线并联，再包匝绝缘，按规定根数组合后充填成圆形，再包主绝缘。

由扁铜线组成的一次绕组根据组合根数不同可分为两段，也可分为四段，组成一次绕组串、并联方式，以实现串、并联换接，得到多种电流比。当一次电流较大时，一般采用铝管或铜管，按要求进行爆弯成形后，将铝管或铜管切成两半。进行双半圆管线芯的匝绝缘包扎后，把两个半圆管合成整圆，用布带稀绕一层扎紧，以备包扎主绝缘。这种互感器的每个半圆就是一匝，整圆等于两匝，两匝导线共有4个出头，引出后可实现串、并联换接，得到两种电流比。

一次绕组的匝绝缘，对于35 kV以下的干式及浇注式互感器用导线本身的绝缘，对于35～63 kV的油浸式互感器采用ZB-0.45的纸包线，对于110 kV及以上的油浸式互感器采用单侧包绕，厚度不小于0.72 mm的纸绝缘都能满足要求。

(二)干式、树酯浇注式电流互感器

干式、树酯式互感器结构型式分为套管式、贯穿式、母线式和支柱式。根据使用要求，可制成单变比、多变比、单个二次绕组及多个二次绕组。

目前我国生产的干式、树酯式互感器大多数都是户内型的产品。近年来，根据市场需要，我国生产的户外型环氧树酯式互感器发展很快，已研制生产出户外型10～110 kV环氧树酯式互感器。对户内型环氧树酯式互感器，在研制高动热稳定、高精度、防凝露、防污秽条件上也取得了很大进展。

1.干式电流互感器绝缘结构

干式电流互感器的一、二次绕组之间及绕组与铁芯之间的绝缘介质，是由绝缘纸、玻

璃丝带、聚酯薄膜带等固体材料构成,并进行浸渍绝缘漆烘干处理。这种绝缘结构中空气间隙也作为绝缘介质。

二次绕组一般用 QZ 聚酯漆包线,多匝式互感器采用叠片铁芯和酚醛塑料骨架绕上矩形绕组,母线式互感器采用环形铁芯及绕组,层间绝缘用电缆纸,绕组外包绝缘用绝缘纸板或玻璃丝布带包好后浸绝缘漆烘干。

一次绕组用玻璃丝包铜线,绕组外包玻璃丝布带后浸绝缘漆烘干。将一、二次绕组及铁芯和底座等组装在一起再在表面涂以防护漆。干式电流互感器结构简单、制造方便,但绝缘强度低,且受气候影响大,防火性能差,故只宜用于 0.5 kV 及以下低压产品。

2. 树脂浇注式电流互感器绝缘结构

合成树脂、填料、固化剂等组成的混合胶固化后形成的固体绝缘介质,具有绝缘强度高、机械性能好、防火、防潮等特点。混合胶在一定温度条件下,具有良好的流动性,可以填充细小的间隙,可以浇注成各种需要的形状,可以把金属及大多数绝缘材料牢固地粘接在一起,因此树脂混合胶是互感器理想的绝缘及成形介质。

目前我国普遍使用的合成树脂绝缘材料,有不饱和树脂和环氧树脂两种。

不饱和树脂混合胶由 307-2 不饱和聚酯树脂、硅微粉、过氧化环乙酮、环烷酸钴、环氧铁红粉等配方组成,浇注在室温下进行,不抽真空,浇注体在室温下固化,浇注方法和设备都很简单,价格也很便宜。缺点是浇注体内有气泡,电气强度较低,局部放电量不好控制,且固化收缩率大,机械强度较低、耐热性差、蒸气压高,固化时容易开裂,故只宜用于不考核局部放电,且对其他性能要求不高的低压产品中。

不饱和树脂浇注互感器与一般干式低压互感器相比较有一些优点,如不易受潮,不发霉,坚固不易损坏,防火性能较好,运行维护简便。常见的不饱和树脂浇注式电流互感器为单匝式或母线式,互感器浇注成圆环形或矩形。多匝式低压电流互感器因浇注工艺较为复杂不采用浇注绝缘。

环氧树脂混合胶由 E-42(634)号环氧树脂、硅微粉、邻苯二甲酸酐、环氧铁红粉等组成,浇注需在加热的条件下混料,进行真空脱气,并在加热条件下真空浇注,浇注体固化温度较高,浇注方法及设备比较复杂。环氧树脂克服了不饱和树脂的缺点,特别是环氧树脂固化收缩率小,蒸汽压低,浇注过程在高温、高真空下进行,混合胶流动性更好,可以最大限度地脱出气泡,可使环氧树脂胶充满一次绕组内部和一、二次绕组之间及其他所有空隙,从而达到利用树脂作为内部绝缘介质的目的,适用于中、高压互感器浇注绝缘。采用良好的绝缘结构设计,优质的材料,先进合理的浇注工艺,可使浇注互感器性能完全符合国家标准。

环氧树脂浇注式互感器的结构可分为半封闭(即半浇注)和全封闭(即全浇注)两种。

半封闭结构是将互感器的电气回路,即一、二次绕组及其引线、引线端子用环氧树脂混合胶浇注成一个整体,再将这个浇注体与铁芯、底座等组装在一起。半封闭互感器采用叠片铁芯,铁芯表面需涂防护漆,以防生锈。半封闭式互感器只能做成户内型。

全封闭结构是将互感器的电回路、磁回路包括一、二次绕组及其引线、铁芯等全部用环氧树脂混合胶浇注成一个整体,再将浇注体与底座(或安装板)等组装在一起。全封闭电流互感器多采用环形铁芯。全封闭互感器浇注体比较复杂,铁芯缓冲层设置比较麻烦,但结构紧凑,铁芯不存在外露锈蚀问题,维护简单。全封闭式不仅可制造户内型,也可制造户外型。

(三)油浸式电流互感器

油浸式电流互感器都是户外式产品。按主绝缘结构不同,可分为纯油纸绝缘的链型结构和电容型油纸绝缘结构。我国生产的 66 kV 及以下电流互感器多采用链型绝缘结构,而 110 kV 及以上电流互感器则主要采用电容型油纸绝缘结构,其中正立式互感器常采用 U 形(一次)电容结构,倒立式互感器则常采用吊环形(二次)电容结构。

高压电流互感器一次绕组大都由能够并联或串联的两个线段组成,可得到两个电流比。

1. 链型绝缘结构电流互感器

链型绝缘结构电流互感器,其中一次绕组和二次绕组构成互相垂直的圆环,像两个链环,其主绝缘是纯油——纸绝缘。目前都采用双级绝缘,即一半绝缘绕在一次绕组上,另一半绝缘绕在二次绕组上。

主绝缘包扎一般采用皱纹纸和厚度为 0.12~0.20 mm 的电缆纸带,35 kV 互感器可采用普通电缆纸,66 kV 及以上则采用高压电缆纸。一般采用 1/2 叠方式(即半叠包扎),如需加强绝缘可采用 2/3 叠方式(即纸带的下一段叠着上一段的 2/3)。

链型绝缘结构的各个二次绕组分别绕在不同的环形铁芯上,将数个二次绕组合在一起,装好支架,用电缆纸带包扎绝缘,绝缘厚度大约为总绝缘的一半。之后再绕一次绕组,一般用手工包扎绝缘,绝缘厚度也大约为总绝缘的一半。一次绕组引线与圆环交接的包扎三角区,不能保证纸带绕制的连续性,要加垫特制的绝缘垫纸,处理不好时将会形成空隙,浸油后就形成了油隙,纸层间的油隙容易被击穿,这是链型绝缘的薄弱环节。另外,用纸带作环形绝缘包扎时,内圆表面上的绝缘将比外圆表面的厚,为了避免外圆表面绝缘减薄,应在外圆面上加垫部分绝缘,然后包扎,这里也可能出现油隙,应引起注意。

2. 电容型绝缘结构电流互感器

正立式电容型绝缘结构的主绝缘全部都包扎在一次绕组上,若为倒立式结构,则主绝缘全部包扎在二次绕组上。正立式结构一次绕组常采用 U 形、倒立式结构二次绕组常采用吊环形。

电容型为了充分利用材料的绝缘特性,在绝缘内设有导电或半导电的电屏,把油纸绝缘分为很多绝缘层,每一对电屏连同绝缘层就是一个电容器,为了保证电压在电屏之间均匀分布,应使每对电屏间电容量基本相同,通常按等厚绝缘原则来设计,即各相邻电屏之间绝缘厚度彼此相等。在相同电压下,电容型绝缘的总厚度比链型绝缘要薄,可以节约材料,因而在 110 kV 及以上电流互感器中得到广泛应用。这些电屏又叫主屏,最内层的电屏与一次绕组高压作电气连接,叫零屏,最外层的电屏接地,叫末屏或地屏。

倒立式结构则相反,最外层电屏接高电压,最内层电屏接地。电容型绝缘电屏端部是极不均匀电场,为了改良电场分布,在两个主屏端部设置几个较短的端屏(也叫副屏),将端部绝缘屏间厚度减小。

电容型绝缘结构图,如图 1.2.3 所示。

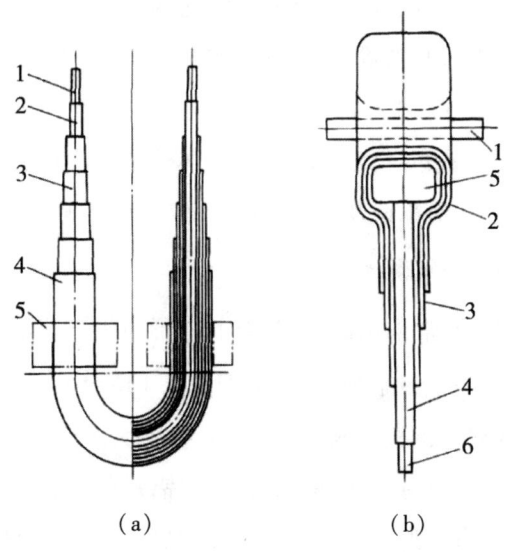

图 1.2.3 电容型绝缘结构图
(a)U 形结构 (b)吊环形结构
1—一次导体;2—高压电屏;3—中间电屏;4—地电屏;5—二次绕组;6—支架

(四)SF_6 气体绝缘电流互感器

SF_6 气体绝缘互感器(以下简称 CT)是在 20 世纪 70 年代开始研制并推广应用的。最初在组合电器(GIS)上配套使用,后来逐步发展为独立式 SF_6 互感器。

SF_6 气体绝缘互感器用 SF_6 气体间隙作主绝缘,为全封闭结构。纯 SF_6 气体是一种无毒性、不可燃的惰性气体,绝缘性能好,化学性能稳定,没有火灾或爆炸危险,设备维护简单,无须检修等。近年来,为适应城网建设无油化变电所的需要,SF_6 气体绝缘互感器得到越来越广泛的应用。

1. SF_6配套式电流互感器

SF_6配套式电流互感器串接在母线上,与GIS的其他部分连接。母线作为一次绕组,主绝缘是外壳内的SF_6气体及盆形绝缘子,一次绕组(即母线)只有一匝,所以GIS的电流值较大时,互感器的准确级可以提高,额定二次输出也可以增加。当电流较小时,互感器准确度将降低,额定二次输出也将减小。

SF_6配套式电流互感器结构很简单,铁芯及二次绕组固定在外壳的内壁上,二次绕组内腔置放金属薄圆筒,外壳内腔两端置放有圆角的金属圈,两者组合后成为屏蔽体,以及二次绕组及接地件等电位。SF_6气体使高压电场内绝缘介质单一,并起均压作用,以提高其绝缘强度。外壳上有二次出线端子接线板,以供引出二次引线。

SF_6配套式电流互感器可以将一次绕组母线及外壳两端的一次接线端子的盆形绝缘子等全部装配好,产品内部充以规定压力的SF_6气体后进行出厂试验,合格后抽出部分气体使产品内部有一定正压时供货;也可以不装配一次绕组母线及外壳两端的一次接线端子的盆式绝缘子,在外壳两端装上临时盖板,充以规定压力的SF_6气后进行部分出厂试验合格后抽出SF_6气体,充以一定压力的N_2气体使产品内部有一定的正压供货,现场安装时再除去临时盖板,装上母线及盆式绝缘子,然后充入规定压力的SF_6气体。

2. 独立式SF_6电流互感器

独立式SF_6电流互感器常采用倒立式结构,外形与倒立式油浸式互感器相似,由头部(金属外壳)、高压绝缘套管和底座组成,如图1.2.4所示。

外壳常由铝铸件或锅炉钢板做成,内装有由一、二次绕组及铁芯构成的器身,一次绕组可为1~2匝。当采用两匝时,一般采用内铜(或铝)杆外铜(或铝)管或双铜(或铝)杆并行的形式,一次导杆为直线型,从二次绕组几何中心穿过,处于高电位的头部外壳置于高压绝缘套管的上部。二次绕组绕在环形铁芯上装入接地的屏蔽外壳中,二次屏蔽外壳由环氧树脂浇注的绝缘柱或盆式绝缘子支撑,二次绕组引出线通过屏蔽金属套管引至互感器底座接线盒的二次端子,二次引线屏蔽管装在高压绝缘套管内。

一次绕组与二次绕组之间,二次绕组与高电位头部外壳之间采用了同轴圆柱体形结构,其间充满了SF_6气体,电场分布均匀较理想。外壳下法兰及高压套管上法兰连接处与二次绕组出线屏蔽管间电场分布不均匀,为板—棒电极,故在设计时有的厂家采用电容锥结构,有的厂家采用了过渡内屏蔽,使此处电场得以改善,成为较均匀的同轴圆柱形电场。

一次绕组当采用两匝时,可接成串联或并联,得到两个电流比。二次绕组铁芯可自由组合,常见为5~6个铁芯。

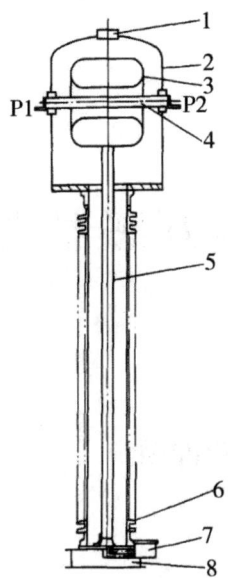

图 1.2.4 SF$_6$ 配套式电流互感器结构图

1GIS 外壳;2 盆式绝缘子;3 一次导体;4 二次接线柱;
5 二次绕组和铁芯;6 二次小瓷套;7 二次接线盒;8 玻璃胶布垫;

高压绝缘套管有的用硅橡胶复合绝缘套管,也有的用高强度电瓷套管。套管爬电距离根据环境污秽情况而定。

为了防爆,在产品头部外壳的顶部装有爆破片,爆破压力一般取 0.7~0.8 MPa。为了监视 SF$_6$ 气体压力是否符合技术要求,在底座设有阀门和自动温度补偿的(温度变化、压力指示不变)SF$_6$ 气体压力表及 SF$_6$ 密度继电器,当 SF$_6$ 漏气达到一定程度,内部压力达到报警压力时,发出补气信号。

第二章　电流互感器典型故障案例

一、电流互感器金属膨胀器冲顶

（一）事件基本情况

2023年4月20日8时55分，运行人员巡视发现220 kV某变电站,220 kV母联231间隔A相电流互感器金属膨胀器顶部圆形盖板被顶开，随后申请将220 kVI段母线及母联231断路器间隔临时停运。

（二）现场检查及试验情况

1. 现场检查情况

现场检查发现231间隔A相电流互感器金属膨胀器冲顶,如图2.1.1所示,B、C两相电流互感器金属膨胀器及油位正常。

图2.1.1　电流互感器冲顶

2. 现场试验情况

现场对231开关三相CT开展了油中溶解气体和水分分析,试验结果如表2.1.1所示。

表2.1.1 现场油化试验结果

设备名称	组分含量（μL/L）								水分(mg/L)
	H_2	CH_4	C_2H_6	C_2H_4	C_2H_2	总烃	CO	CO_2	
A相	4609.99	1123.18	158.51	0.95	0.88	1283.52	10.54	85.37	25.4
B相	12.29	1.12	0.18	0.16	0	1.46	30.53	85.14	/
C相	27.83	0.85	0.14	0.12	0	1.11	15.43	117.6	/

由表2.1.1可知，A相CT氢气、甲烷等特征气体均严重超标，表现为典型的局部放电特征，并且油中水分含量也超标（超过25 mg/L），因此初步怀疑产气原因为CT干燥不彻底或受潮带来的水分引起局部放电产气。B相和C相油中溶解气体含量均合格。

现场对231开关A相和B相CT开展了主绝缘介损及电容量测试等试验，试验结果如表2.1.2所示。

表2.1.2 现场介损及电容量测量结果

相别	施加电压（kV）	4月20日测试值		交接值		相对偏差	
		介损/%	电容量/pF	介损/%	电容量/pF	介损	电容量
A相	10	0.379	991.4	0.232	987.3	63.36%	0.42%
B相	10	0.193	980.7	0.227	977.2	-14.98	0.33

由表2.1.2可知，A相和B相介损及电容量测试结果均合格，但A相介损相比交接值增加63.36%。

(三) 返厂试验及解体检查情况

1. 返厂试验情况

对A相CT进行绝缘电阻、直流电阻、高压介损及电容量和局部放电等试验，其中绝缘电阻、直流电阻测试合格，高压介损及电容量、局部放电等试验不合格。

①高压介损测试。对A相CT测量10 kV逐步升压至145 kV后逐步降压至10 kV的介损，试验结果如表2.1.3所示。

表2.1.3 高压介损测试结果

电压/kV	10	43.8	73	102.2	131.4	146	增量/%
升压介损/%	0.421	0.521	0.600	0.700	0.807	0.858	0.421
降压介损/%	0.429	0.538	0.642	0.775	0.842	0.858	0.429

由表2.1.3可知当电压在131.4 kV（$0.9U_m/\sqrt{3}$）及以上时，介损超过标准值（0.8%），且升压和降压介损的增量也超过标准值（0.3%）。绘制升压和降压介损变化

曲线如图2.1.2所示。

由图2.1.2可知，介损的升压与降压曲线不重合，呈现典型的受潮缺陷特征。

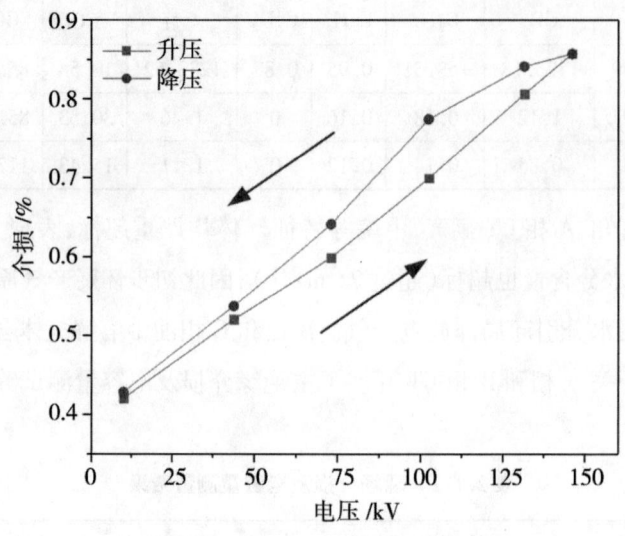

图2.1.2　高压介损变化曲线

②局部放电测量试验。当施加电压为44 kV时开始出现局放，测量各电压下的放电量如表2.1.4所示。

表2.1.4　局部放电测试结果

电压/kV	44	80	162	202	252(Um)	368
局放量/pC	20	1000	1700－2000	2700－3300	3100－4000	＞10000

对B相和C相CT开展了油色谱分析、介损及电容量、工频耐压和局部放电测试等试验，试验结果均合格。

2. A相CT解体检查情况

对A相CT进行解体检查，情况如下：

①在P1端和P2端并联安装避雷器，该避雷器尾端与P1端子相连，首端通过绝缘导线，沿导电压圈与P2端子相连，如图2.1.3所示。

检查发现该避雷器连线及导线压圈上有放电痕迹，如图2.1.4所示。这是因为避雷器连线直接与P2端子相连，运行过程中处于高电位，当等电位连接片未连时，导电压圈处于悬浮电位，因此导线对导电压圈放电。

②拆除膨胀器，发现膨胀器底板与瓷套之间的密封圈向P1方向偏移约2 mm，且存在轻微压痕，如图2.1.5所示。

图 2.1.3 避雷器及其连线

图 2.1.4 避雷器连线及导电压圈放电痕迹

 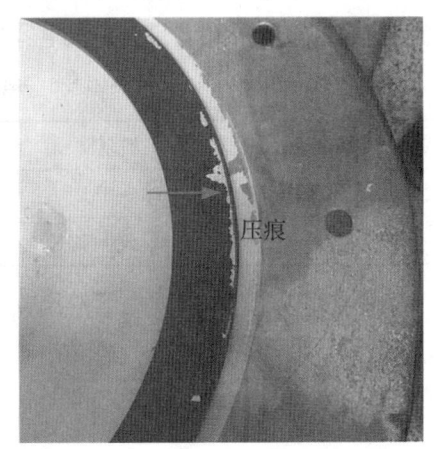

(a) 密封圈偏移　　　　　　　　　(b) 密封圈轻微压痕

图 2.1.5 密封圈偏移及压痕

由于CT内部对外部保持0.02 MPa的微正压,且运行过程中未发生漏油,因此判断密封圈轻微偏移,未破坏CT整体的密封性能,如图2.1.6所示。

③检查CT内部及电容芯子均未发现明显放电痕迹。

图2.1.6　A相CT内部

④电容屏间介损测量。该CT电容芯子有4张主电容屏,每张主屏由6张副电容屏组成,4张主电容屏构成3个主电容,由外向内分别为末屏电容、中间屏电容和零屏电容,逐步拆解各电容屏并测量介损及电容量,如表2.1.5所示。

表2.1.5　电容屏介损及电容量

试验对象	整体	末屏	中间屏	零屏
介损/%	0.381	0.279	0.220	0.783
电容量/pC	964.2	2764	2996	2990

由表2.1.5可知,各屏间电容量比较接近,末屏和中间屏的介损值均小于0.3%,而零屏介损达0.783%,远大于末屏和中间屏,初步判断电流互感器零屏绝缘受潮。

3. 红外光谱分析

取中间屏和零屏的绝缘纸进行傅里叶红外光谱分析,结果如图2.1.7所示。

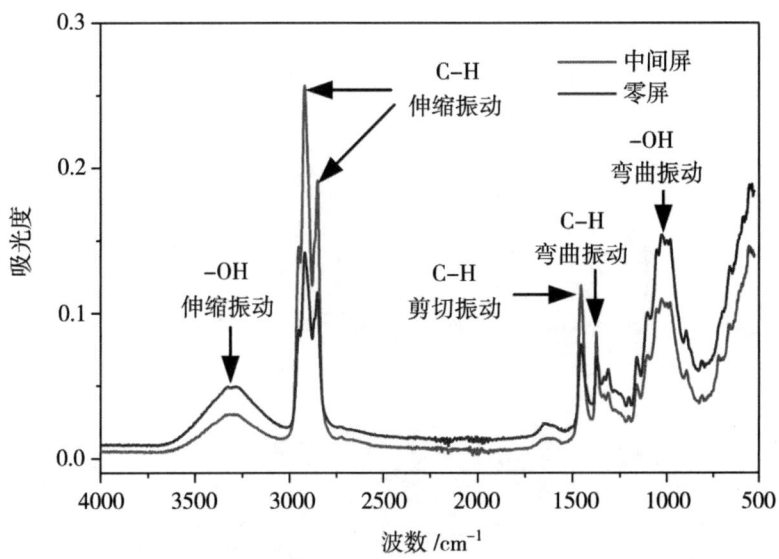

图 2.1.7 绝缘纸红外光谱测试结果

绝缘纸的主要成分为纤维素,其特征官能团为 -OH、-CH_2 和 -CH_3。由图 2.1.7 可知,零屏的 C-H 基团红外吸收峰强度低于中间屏,说明零屏绝缘纸的纤维素发生分解,含量低于中间屏,这是因为零屏更靠近一次导体,运行过程中其温度更高,相比中间屏,零屏绝缘纸(纤维素)热老化更严重。此外,与 C-H 基团相反,零屏 -OH 的红外吸收峰强度高于中间屏,这说明零屏中的 -OH 基团除了来源于纤维素本身,还来源于水分,确认零屏绝缘纸含水量高于末屏绝缘纸。由于零屏位于电容芯子最内侧,若是外界潮气入侵,则外部(末屏和中间屏)绝缘纸含水量高于零屏。因此,初步怀疑由于厂内干燥不彻底导致零屏绝缘纸含水量偏高。

4. 干燥工艺及生产过程排查

排查该厂 LB7-220 电流互感器采用变压循环法干燥,此为国内 CT 干燥的主流方法。排查该 CT 生产过程各阶段的记录,发现 A 相 CT 一次导杆(铝管)切削整形后未见清洗和整理记录,如图 2.1.8 所示。

切削液由矿物油、乳化剂、添加剂和水按照 1∶1∶1∶30 合成,若一次导杆切削液未清理干净,直接绕制电容屏,切削液的水分会渗入与一次导杆直接接触的零屏绝缘纸内,导致零屏绝缘纸含水量过高,经过常规的干燥工艺流程无法干燥彻底。

综上所述,判断此次故障原因为 A 相 CT 一次导杆切削液未清理干净,导致零屏绝缘纸含水量过高。同时由于零屏绝缘纸在电容芯子最内层,厂内器身干燥过程中未能将水分完全析出。

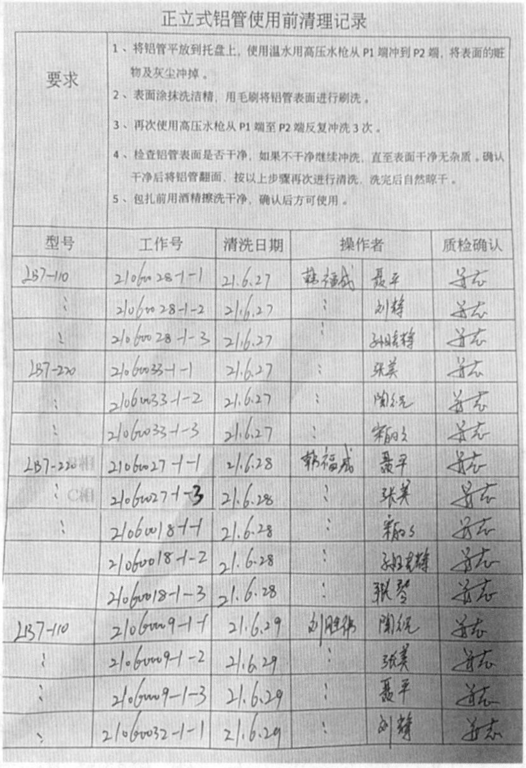

图 2.1.8　一次导杆清理记录

（四）原因分析

结合试验分析、解体检查和生产工艺排查，判断此次故障原因为：电流互感器制造过程中一次导杆切削液未清理干净，导致零屏绝缘纸含水量过高，在运行电压作用下发生局部放电，并持续产生氢气和甲烷等特征气体，最终导致电流互感器金属膨胀器冲顶。

（五）下一步工作建议

①对于新投运的 110 kV 及以上油浸式电流互感器，应严格落实国家电网十八项反措要求，在交接试验时逐台开展交流耐压试验，耐压前后进行油中溶解气体对比分析，同时在投运 1 – 2 年内结合首检开展油中溶解气体和水分分析。

②对于在运油浸式电流互感器，严格按照 Q/GDW 1168 – 2013《输变电设备状态检修试验规程》周期要求，开展油中溶解气体分析。

③强化油浸式电流互感器巡视工作，重点检查油浸式电流互感器油位是否正常、是否存在渗漏油、是否有异响等。发现电流互感器金属膨胀器冲顶、倒立式电流互感器渗漏油、电流互感器末屏开路等情况时应将电流互感器退出运行。

④建议厂家将测量电容屏间介损纳入电流互感器生产过程中的质量管控手段。

二、电流互感器绝缘受潮

(一)事件基本情况

2017年6月8日,运行人员巡视时发现某220 kV变电站218间隔C相电流互感器金属膨胀器冲顶,如图2.2.1所示。检查同间隔电流互感器,发现A相电流互感器金属膨胀器正常,但油位异常偏高,B相电流互感器金属膨胀器顶盖一角异常凸起,如图2.2.2所示。

图2.2.1　C相电流互感器　　　　图2.2.2　B相电流互感器

该间隔电流互感器型号为LB-220,2017年3月13日投运,运行时间不到3个月。设备投运前开展了交接试验,各项试验数据合格。发现该间隔电流互感器金属膨胀器异常凸起后,运行人员立即申请停电,将三相电流互感器退出运行。

(二)现场检查及试验情况

电流互感器退出运行后,现场对三相电流互感器开展了常规试验检查。试验项目包括绕组直流电阻、绝缘电阻、主绝缘介质损耗因数、油中溶解气体分析以及绝缘油试验。试验结果发现B、C相电流互感器主绝缘介质损耗因数超标,A相介损值接近标准值,三相电流互感器出厂验收、交接验收及现场试验介损值对比数据见表2.2.1。同时,三相电流互感器油中溶解气体分析中氢气、总烃、乙炔值均超标,试验数据见表2.2.2。三相电流互感器绕组直流电阻、绝缘电阻、绝缘油试验结果合格。

表2.2.1　电流互感器介质损耗因数测试值对比

相别	出厂值	交接试验值	现场试验值
A相	0.002 83	0.002 8	0.006 93
B相	0.004 9	0.003 6	0.010 9
C相	0.003 06	0.003 4	0.012 64

表2.2.2 电流互感器绝缘油溶解气体分析（μL/L）

相别	H_2	CO	CO_2	CH_4	C_2H_4	C_2H_6	C_2H_2
A相	6 132	18.66	168.96	921.09	0.87	121.16	1.54
B相	6 512	15.70	184.82	948.80	1.23	214.47	2.04
C相	6 529	13.65	174.24	949.13	2.99	459.92	4.89

根据三相电流互感器油中溶解气体分析数据，判断电流互感器内部发生放电，产生大量气体，导致金属膨胀器冲顶。根据DLT 722-2014《变压器油中溶解气体分析和判断导则》中"三比值法"，确定故障编码为100，判断放电类型为低能放电。

（三）返厂试验及解体检查情况

1. 诊断性试验

为了进一步确定电流互感器放电原因及部位，对电流互感器返厂开展诊断性试验，试验项目包括耐压、局部放电及高电压介损测试。

对B、C相电流互感器进行高电压介损试验，测量不同电压下电流互感器的介质损耗因数。电压首先从10 kV增加到146 kV，然后从146 kV下降到10 kV，电压上升及下降过程中，记录B、C相电流互感器介损值，介损随电压的变化情况分别见图2.2.3、图2.2.4。B、C相电流互感器在电压从10 kV增加到146 kV，其介损值分别增加0.009和0.015，超过标准要求。

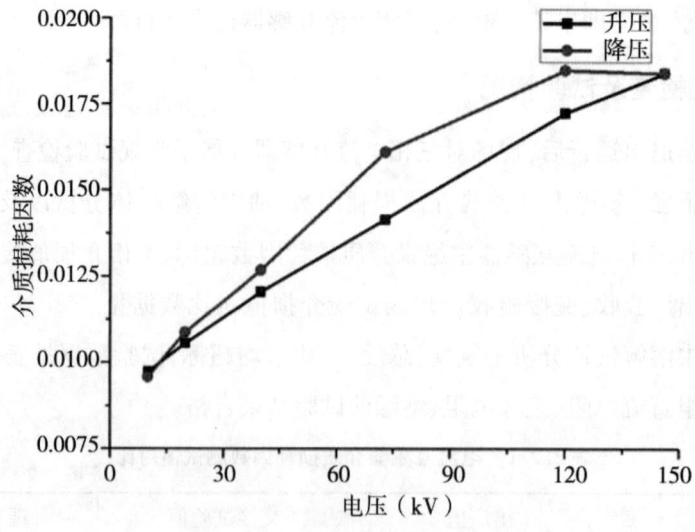

图2.2.3 B相电流互感器介损值

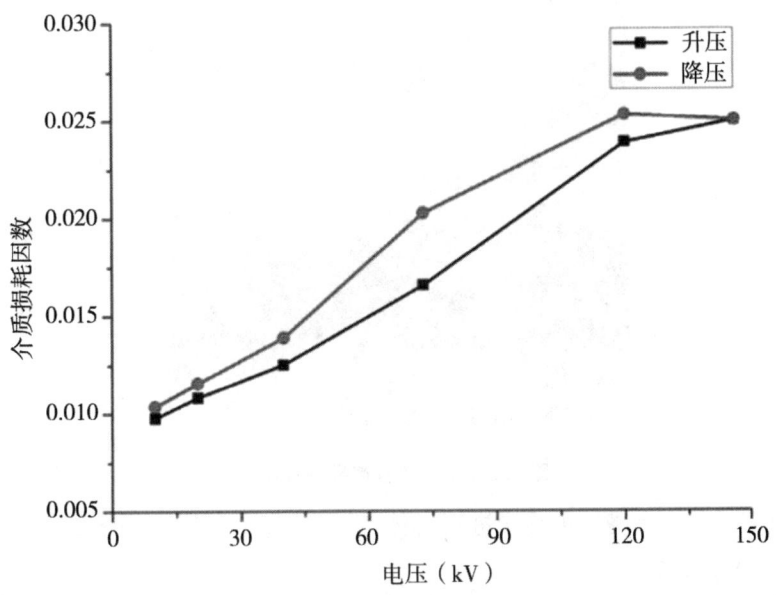

图 2.2.4　C 相电流互感器介损值

对 A 相电流互感器进行耐压试验,试验电压值 460 kV,耐压试验通过后对电流互感器进行局部放电试验,在 $1.2U_m/\sqrt{3}$ 电压下,测得局放量为 500 pC,严重超标。

根据三相电流互感器诊断性试验数据,发现电流互感器主绝缘高压介损及局放试验超标。判断电流互感器低能放电部位在主绝缘。

2. 解体检查情况

对 B、C 相电流互感器进行解体检查,拆开电流互感器瓷套,检查电流互感器器身、铁芯及夹件、二次绕组、末屏引线,外观无明显异常,如图 2.2.5 所示。该型号电流互感器为电容器结构,器身结构图如图 2.2.6 所示。

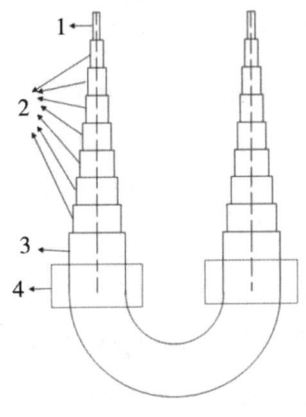

图 2.2.5　电流互感器器身结构
1. 高压屏;2. 2-8 层电容屏;3. 末屏;4. 铁芯

图 2.2.6　电流互感器解体检查

对电流互感器一次绕组主绝缘进行解体,重点检查电容屏及绝缘纸,外观检查无明显异常,如图 2.2.7 所示。

图 2.2.7　检查电容屏及绝缘纸

该电流互感器一次绕组主绝缘为电容型绝缘,共有 9 张电容屏。将一次绕组主绝缘解体后,分别测量 9 张电容屏的电容量、介损及绝缘电阻。发现 C 相电流互感器第 4、5、6、7 张屏的介损值超过厂家内部控制值(0.004),B 相电流互感器第 3、4、5、6、7 张屏的介损值超过厂家内部控制值,B、C 两相电流互感器第 4、5、6、7 张屏的绝缘电阻值也明显偏低。具体情况见图 2.2.8、图 2.2.9。

一般来说,造成绝缘纸介损偏高、绝缘电阻下降的原因为绝缘纸老化和受潮。而本次缺陷电流互感器运行时间不到 3 个月,可以排除绝缘纸老化及运行中受潮的原因,判断为电流互感器在制造时中间屏绝缘纸未完全干燥,导致其介损偏高。

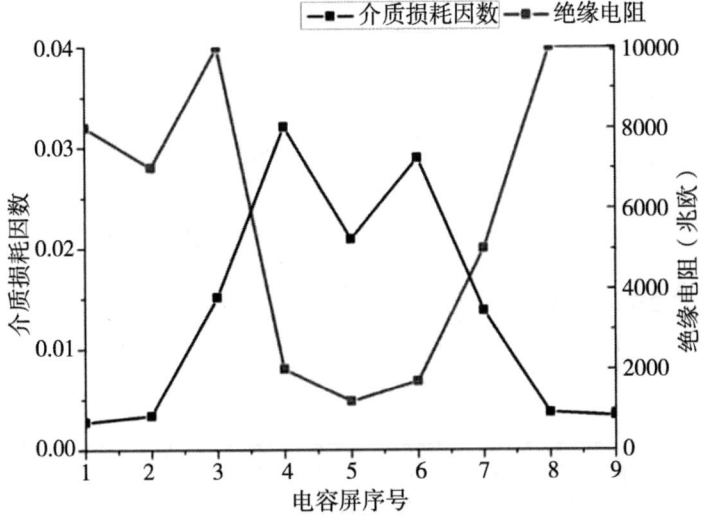

图 2.2.8 C 相电流互感器

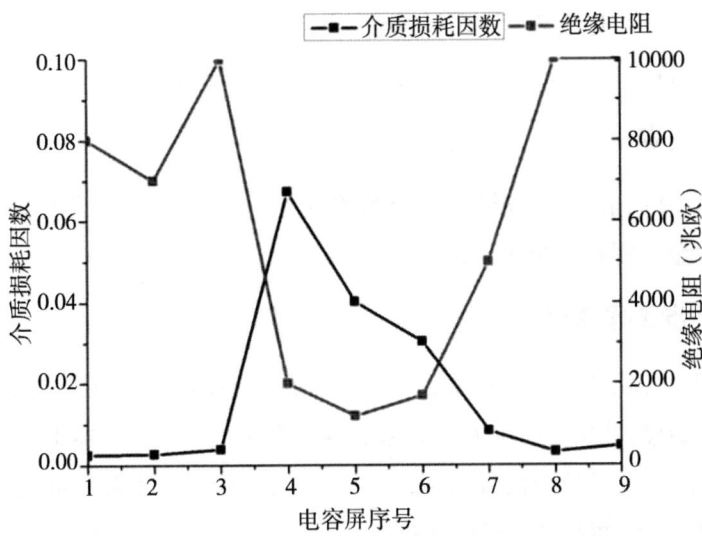

图 2.2.9 B 相电流互感器

3. 绝缘纸试验

为了确定中间屏绝缘纸未完全干燥,取 B 相电流互感器电容屏间绝缘纸,在试验室进行干燥处理,在 155 ℃下干燥 36 小时。干燥前后进行介电常数测试,对比分析绝缘纸干燥前后介电常数变化情况,试验数据见图 2.2.10。

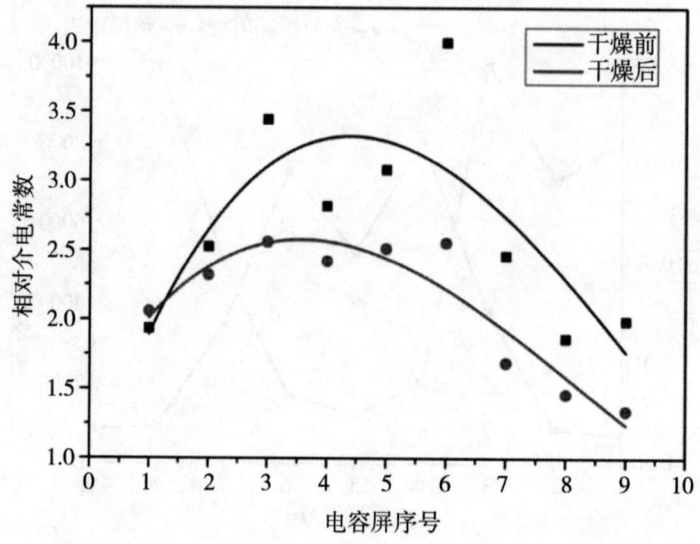

图 2.2.10 干燥前后介电常数

根据图 2.2.10 可以发现,干燥后,绝缘纸相对介电常数均有降低,且中间电容屏的降幅尤为明显。确定中间屏绝缘纸干燥前含有水分,故干燥后介电常数明显降低。

(四)原因分析

电流互感器在制造时中间屏绝缘纸未完全干燥,在运行过程中发生低能放电并持续产气,最终导致金属膨胀器冲顶。

(五)下一步工作建议

本次电流互感器金属膨胀器冲顶问题是由于互感器内部发生低能放电、产生大量气体导致的。电流互感器放电部位为主绝缘电容屏之间。电流互感器中间屏绝缘纸在制造过程中未完全干燥,导致介损值偏高,同时在运行电压下发生局部低能放电。为了防范类似问题再次发生,提出如下措施及建议:

①严格按照《变电验收通用制度》及《十八项反事故措施》要求,油浸式电流互感器出厂局放试验延长到 5 分钟,现场交流耐压试验前后进行油色谱分析。

②目前《输变电设备状态检修试验规程》及《变电五项通用制度》都没有对绝缘纸的含水量提出明确要求,而且尚无检测绝缘纸中含水量的有效方法,建议开展绝缘纸中水分含量无损检测方法及判断标准研究。

③认真做好电流互感器运行情况监督检查,特别是在电网高负荷到来之前和夏季高温天气时,要注意电流互感器油位变化情况。当油位升高明显或达到最高位置时,及时取油样跟踪分析。

三、电流互感器末屏漏油

(一) 事件基本情况

2015年7月25日17时,变电站运维人员在巡视时,发现某变电站212开关间隔A相电流互感器大量渗油,已无法看见油位。汇报调度许可后立即将212开关停电转交检修。变电检修人员于2015年7月26日更换212开关间隔A相电流互感器后,恢复了212开关运行。

(二) 现场检查及试验情况

1. 一次设备现场检查情况

检查212开关间隔A相电流互感器末屏渗油严重,本体油位低,后台显示A、B、C三相电流值正常;B、C相电流互感器无渗油,本体油位正常,外观无异常。

2. 一次设备现场试验情况

对212开关间隔A相电流互感器进行变比、极性及伏安特性试验,结果均合格。对电流互感器进行高压试验,其中末屏对地绝缘电阻不合格,具体试验数据见表2.3.1。

表2.3.1 高压试验数据

试验项目	一次绕组对地绝缘电阻(MΩ)	一次绕组介质损耗因数(%)	一次绕组电容量(pF)	末屏对地绝缘电阻(MΩ)
本次试验数据	10000	0.241	716.5	0.066

对电流互感器进行油色谱试验,数据如表2.3.2所示。

表2.3.2 油色谱试验数据

组分	H_2	CO	CO_2	CH_4	C_2H_6	C_2H_4	C_2H_2	总烃
本次试验数据(μL/L)	209.2	199.0	765.5	4.6	0.8	1.5	0.0	6.9

(三) 故障原因分析

2015年8月12日,对故障电流互感器进行了解体检查。解体发现,故障电流互感器末屏引出小瓷套已断裂成三块,是造成末屏对地绝缘不良和漏油的直接原因。经进一步分析,小瓷套断裂是由于电流互感器油箱壁外末屏接地线锈蚀断裂,导致小瓷套内末屏引出线对互感器油箱壁产生高电压,并跨越小瓷套对互感器油箱壁形成放电,最终导致小瓷套破裂并大量渗油。拆除末屏小瓷套后,测试末屏对地绝缘电阻合格,互感器内部检查试验正常。

经了解,该厂家于2006年对原有的末屏接地方式进行了改进,加装了防锈蚀措施,但未及时向设备运行单位提出改造建议。

(四)下一步工作建议

①按照国网公司《十八项电网重大反事故措施》第11.1.3.12条款"加强电流互感器末屏接地检测、检修及运行维护管理。对结构不合理、截面偏小、强度不够的末屏应进行改造;检修结束后应检查确认末屏接地是否良好",对油浸式电流互感器末屏接线开展隐患排查和治理:对存在同样问题的电流互感器,制订专项计划对末屏接地方式进行改进;同时加强运行维护巡视,重点对电流互感器末屏接地线进行专项巡视。

②对存在渗油问题的现有设备进行一次梳理排查工作,重点跟踪分析长期(一年以上)轻微渗油而未进行处理的变电一次设备运行情况;安排带电测试及油化试验对设备运行状态进行分析,如发现带电测试或油化试验数据不合格的,立即向调度部门申请安排停电计划予以处理,避免发生设备非计划停运事件。

四、电流互感器末屏放电

(一)事件基本情况

2019年6月30日,运行人员巡视发现,某变电站202开关间隔B相电流互感器末屏接地螺帽有放电异响,现场可以看见放电火花。发现情况后,运行人员立即申请停电进行处理。

(二)现场检查及试验情况

1. 设备基本情况

该电流互感器型号为LB9-220W,出厂日期为2005年2月1日。该型号电流互感器2015年在江西省发生过一起末屏接地软铜线断裂,导致末屏引线对设备油箱外壳放电并引起设备漏油的故障。2016年,江西省公司运检部发布通知,要求对同型号电流互感器末屏接地进行改造,由末屏小瓷套连接接地引线改为浇铸式末屏接地装置。该变电站202开关间隔B相电流互感器在2017年进行了末屏接地改造,本次发生放电的末屏接地装置就是改造后的浇铸式末屏接地装置。

浇铸式末屏接地装置,是将绝缘体、末屏导电杆和安装压板浇铸成一个整体。浇注式末屏接地装置结构示意图如图2.4.1所示。安装压板与电流互感器油箱外壳接触,处于地电位。末屏接地螺帽旋紧后内部弹片与末屏接线端子接触,螺帽末端与压板接触后接地。

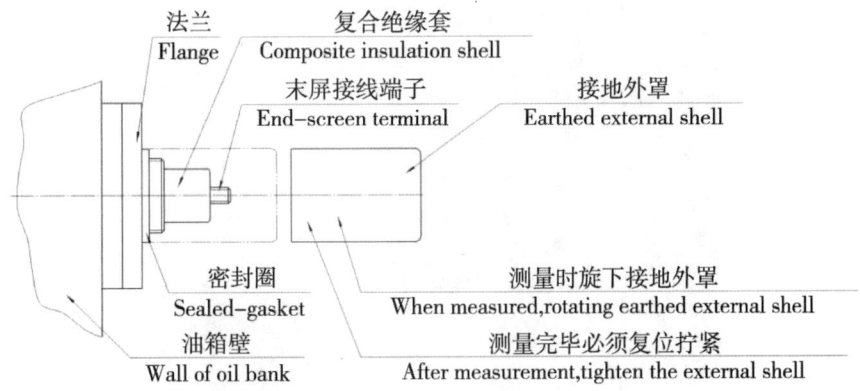

图 2.4.1 浇注式末屏接地装置

2. 缺陷部位检查情况

图 2.4.2 为 B 相电流互感器末屏接地装置,由图可知,B 相电流互感器接地螺帽与压板未接触,中间有 2 mm 左右的空气间隙,本次放电就发生在接地螺帽与压板之间的空气间隙中。图 2.4.3 为 A 相电流互感器末屏接地装置,A 相电流互感器末屏接地螺帽与压板完全接触。

图 2.4.2 B 相电流互感器末屏接地装置放电部位

图 2.4.3 A 相电流互感器末屏接地装置

停电后检查末屏接地情况,检查发现 B 相电流互感器末屏接地螺帽与地不导通,A、C 两相电流互感器末屏接地螺帽与地之间导通。重新旋转 B 相电流互感器末屏接地螺帽,发现其不能旋转到位,拧紧后与压板间还是留有 2 mm 的空气间隙。

图 2.4.4 B 相电流互感器末屏引出端子

拆除 B 相电流互感器末屏接地螺帽,如图 2.4.4 所示,可以看见末屏引出端子通过绝缘瓷套与外壳绝缘,接地螺帽通过螺栓旋紧固定。测量螺栓与地之间的导通情况,发现螺栓与地之间不导通。测量 A、C 两相电流互感器末屏接地螺栓与地之间导通情况,均导通良好。

拆开末屏接地压板,发现接地螺栓与压板间氧化锈蚀,导致接触不良,如图 2.4.5 所示。

(a)

(b) (c)

图 2.4.5 螺栓与压板间氧化锈蚀

(三)原因分析

①根据接地导通测试情况,确认 B 相电流互感器末屏接地螺帽接地不良,在运行过程中产生悬浮电位,击穿空气间隙发生放电。

②末屏接地螺帽接地不良的原因为:接地螺帽未能旋转到位。从而导致接地螺帽与压板未接触。螺栓与压板间接触面氧化锈蚀,螺栓与地不导通,导致接地螺帽不能通过

螺栓接地。

(四) 下一步工作建议

①针对同型号进行了末屏改造的电流互感器开展一次特殊巡视,检查末屏接地螺帽是否旋转到位,以及末屏接地装置是否存在放电现象,发现异常应停电处理。

②针对同型号进行了末屏改造的电流互感器结合停电检查末屏接地状况,重点检查末屏接地螺栓与地之间的导通情况,若发现接地螺栓与地不导通,应及时更换末屏接地装置。

③针对该结构末屏接地装置,建议厂家修改设计方案,接地螺栓与压板应浇注成一体,确保接地螺栓与地之间导通良好。

五、电流互感器外瓷套开裂

(一) 事件基本情况

2017年3月8日,运维站值班人员在某变电站做变电站接地引下线导通测试时,发现218间隔C相电流互感器下方地面有大量油渍,看不到油位,迅速汇报地调及省调部门,并申请紧急停电检查。当晚7时左右,停电检查发现该相电流互感器有一长约800mm的纵向裂痕(从上往下第六片瓷裙起贯穿至底部)漏油,申请省调部门退出运行转检修,安排更换工作。

(二) 现场检查及试验情况

1. 设备基本情况

故障设备基本台账信息如表2.5.1所示。

表2.5.1 设备基本台账信息

型号	LB10-220W2	额定电压	220 kV
生产厂家	/	额定电流	2500 A
出厂日期	2013年3月1日	投运日期	2013年8月9日
结构形式	油浸正立	热稳电流	50 kA

2. 现场检查情况

2017年3月14日,对故障CT进行试验以及解体检查,218间隔的三相CT均已被替换,故障CT被排放在场区一角。故障CT的渗漏油情况依然非常明显,如图2.5.1所示。

图 2.5.1 缺陷 CT 整体漏油情况

变压器油从 CT 瓷套裂缝溢出并自上而下呈线状流下,在伞裙边缘悬挂成滴,用毛巾擦去外壁渗出的油后,可以看见瓷套外壁自第 6 片伞裙纵向向下存在一条清晰可见的裂纹,变压器油从裂缝中持续渗出流下,分别如图 2.5.2~2.5.4 所示。

图 2.5.2 油至上而下呈线状流下

图 2.5.3 油在伞裙边缘悬挂成滴

图 2.5.4 擦拭后可见裂缝并有油继续渗出

3. 现场试验情况

3月14日,现场对218C相电流互感器进行电气试验和解体检查,现场试验发现C

相电流互感器一次直流电阻超标(现场测试值 607 uΩ,交接试验值 50.8 uΩ),其他试验项目试验结果正常,解体检查发现 C 相电流互感器 C1P2 绕组与导电排连接松动,零屏线有明显的放电痕迹。

4. 解体检查情况

对 CT 进行放油处理后,在各单位的共同见证下,取下故障 CT 的金属膨胀器,解开一次端子引线后,将 CT 的瓷套吊起,如图 2.5.5~2.5.7 所示。在取下金属膨胀器后,发现一次绕组 P2 端子与绕组引线的固定螺帽已松动,可以徒手轻易旋开,如图 2.5.8 所示。

图 2.5.5　对 CT 进行放油

图 2.5.6　一次绕组端子内部(红圈位置螺帽松动)

图 2.5.7 吊起 CT 的瓷套

图 2.5.8 零屏引线折弯

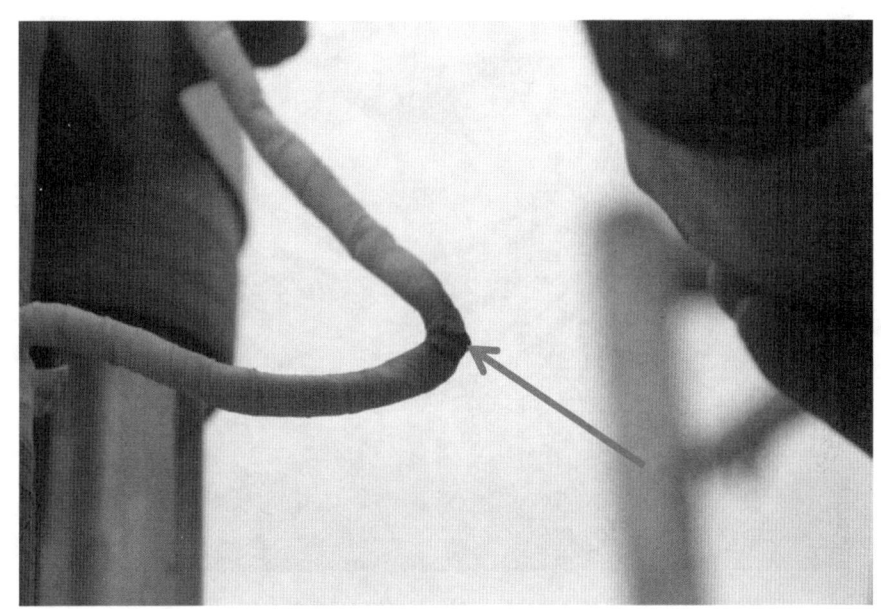

图 2.5.9 零屏引线弯曲处的放电痕迹

吊起瓷套后,发现 CT 芯子的零屏与上铁箍之间的连接引线存在折弯现象。引线弯曲处存在明显的放电焦黑痕迹,如图 2.5.9 所示。

在零屏引线放电烧蚀部位对应瓷套内壁有一凹坑,凹坑呈近似圆形,直径约 2 cm。瓷套内壁沿着该凹坑往下纵向存在一条清晰可见的裂纹。在瓷套外壁凹坑对应位置部分釉面烧蚀脱落,如图 2.5.10~图 2.5.12 所示。

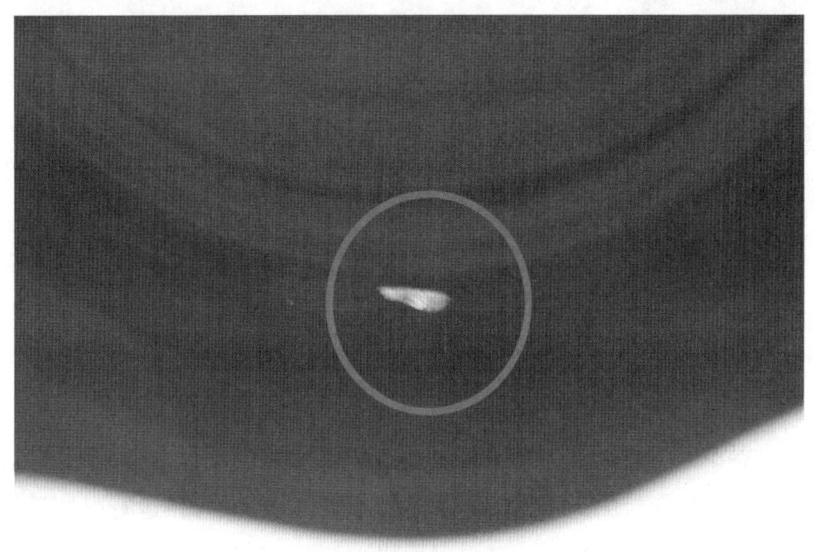

图 2.5.10 零屏引线放电烧蚀部位对应瓷套内壁处的凹坑

图 2.5.11　瓷套内壁纵向裂缝

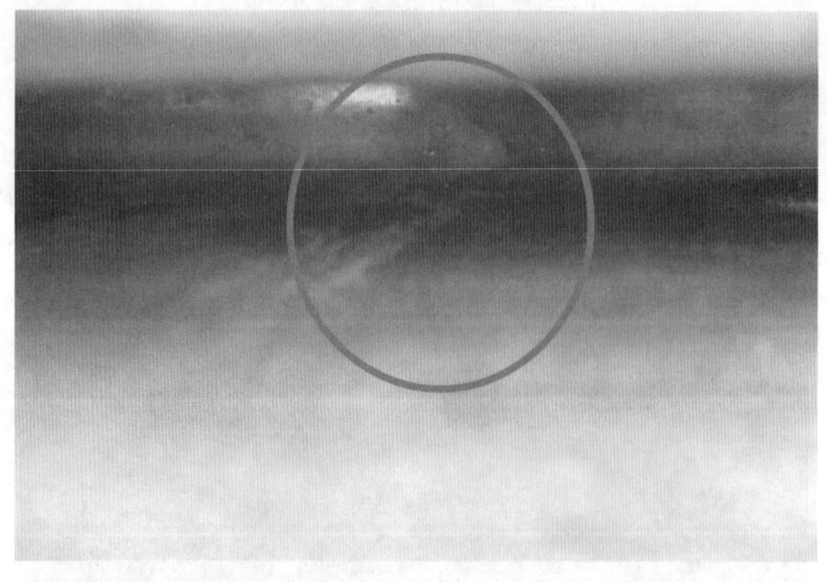

图 2.5.12　瓷套外壁釉面烧蚀脱落

(三)原因分析

电流互感器零屏引线折弯并与瓷套内壁触碰,形成零屏引线、变压器油以及瓷套内壁"三结合点",致使零屏引线与瓷套内壁接触部位场强集中,在运行电压下持续放电,最终导致瓷套内壁被不断烧蚀并逐渐发展成纵向裂纹而漏油。零屏引线与瓷套内壁的不当触碰,反映出生产厂家在产品的安装工艺及互感器质量管控方面存在缺失。

(四)下一步工作建议

①迎峰度夏前,完成同厂家同系列电流互感器红外精确测温,重点监测互感器瓷套有无异常发热部位。

②开展同厂家同系列电流互感器油色谱普测,如色谱存在异常应立即予以更换。

六、电流互感器爆燃

(一)事件基本情况

2020年3月9日0时36分38秒,某220 kV变电站217间隔线路保护动作跳开B相开关,220 kV I 母差动保护动作跳闸。故障时天气状况为大雨天气。

217间隔电流互感器型号:LB10-220W2,出厂时间:2013年3月,投运时间:2013年8月。2017年3月8日,某220 kV变电站电流互感器电流运行过程中,瓷套出现裂纹并发生严重漏油。瓷套出现裂纹的电流互感器与本次故障电流互感器为同厂同型号同批次。

(二)现场检查及试验情况

1.一次设备检查情况

①现场检查发现217间隔B相电流互感器本体已完全损坏,瓷套炸裂散落在地,电流互感器顶部压力释放装置未动作,如图2.6.1、图2.6.2所示。

图2.6.1 B相电流互感器烧毁

图2.6.2 B相电流互感器外瓷套炸裂

②炸裂的瓷套飞溅至相邻间隔引起 217 间隔 B 相断路器支柱瓷套、218 间隔电压互感器下节瓷套、2173 隔离开关支柱绝缘子产生不同程度的损伤,如图 2.6.3～图 2.6.6 所示。

图 2.6.3　断路器支柱瓷套破损

图 2.6.4　电压互感器下节瓷套破损

图 2.6.5　隔离开关母线侧支柱瓷绝缘子

图 2.6.6　隔离开关线路侧支柱瓷绝缘子

③217 间隔 A 相电流互感器母线侧接线板有明显的放电灼伤痕迹,如图 2.6.7 所示。判断为 B 相电流故障互感器炸裂时起火燃烧,烟尘引起 A 相电流互感器接线板对地放电所致。

图 2.6.7　A 相电流互感器母线侧接线板有放电灼伤痕迹

④将 B 相烧毁的电流互感器拆下后,检查电流互感器二次接线板,未发现放电痕迹。检查电流互感器末屏接地线,接地良好,如图 2.6.8、图 2.6.9 所示。

图 2.6.8　二次接线板未发现放电痕迹　　　　图 2.6.9　末屏接地良好

⑤检查故障电流互感器器身,发现包扎在 U 形导电杆上的电容屏及纸绝缘严重烧损。上下对比电容屏烧蚀情况发现,上部电容屏烧蚀较轻,对一次导电杆的包扎形态保持完整,如图 2.6.10 所示。底部电容屏则出现严重破损,一次导电杆外露,如图 2.6.11 所示。可以认定,电流互感器器身底部主绝缘发生了击穿。

图 2.6.10　上部导电杆形态保持完整　　图 2.6.11　底部绝缘烧损严重

⑥检查电流互感器金属膨胀器,压力释放装置未见动作,如图 2.6.12 所示。

图 2.6.12　压力释放装置未见动作

2. 视频监控情况

详细查看该变电站视频监控,发现 3 月 9 日 0 时 36 分,217 间隔 B 相电流互感器,是在外部无明显异常的情况下,突然发生了爆炸并起火燃烧,如图 2.6.13 所示。

图 2.6.13　电流互感器发生爆炸并起火燃烧

3. 设备运维检修试验情况

（1）故障前设备巡视情况

查阅 PMS 系统该变电站巡视记录。2020 年至今，该变电站共开展 16 次巡视，其中 9 次例行巡视，3 次全面巡视，2 次熄灯巡视，2 次特殊巡视。最近一次巡视时间为 3 月 2 日，运维人员开展了该变电站的全面巡视，巡视全站一次和二次设备均运行正常。

（2）故障前红外测温情况

查阅 PMS 系统该变电站红外测温情况，开展了红外测温，有运行测温记录，但在 PMS 中未见检测报告。2020 年至今共开展了两次红外普测，最近一次红外测温时间为 2 月 24 日，对全站一、二次设备进行了红外普测，记录结果为"未发现异常"。

2020 年 1 月 20 日对变电站开展了一次红外精确测温，未发现异常，如图 2.6.14 所示。

图 2.6.14　CT 精确测温图像

(3) 故障前例行试验情况

查阅PMS系统报告,故障电流互感器最近一次例行试验时间为2017年12月,试验项目包括电容量、介损、油色谱,结果如表2.6.1~表2.6.2所示,试验结果合格。下一次例行试验计划为2020年11月。

表2.6.1 电流互感器电气试验结果

相别	主绝缘绝缘电阻	末屏绝缘电阻	主绝缘电容量	电容量初值	主绝缘介损
A相	100000 MΩ	10000 MΩ	849.7 PF	857.5 PF	0.315%
B相	100000 MΩ	10000 MΩ	833.3 PF	836 PF	0.326%
C相	100000 MΩ	10000 MΩ	806.4 PF	807.5 PF	0.304%

表2.6.2 绝缘油色谱试验结果

相别	H_2(μL/L)	CH_4(μL/L)	C_2H_6(μL/L)	C_2H_4(μL/L)	C_2H_2(μL/L)	总烃(μL/L)
A相	17	2	5	2	0	9
B相	15	2	0	1	0	3
C相	20	2	0	0	0	2

在2017年至2018年完成了同批次其他6组电流互感器例行试验,试验结果合格。

4. 现场试验情况

故障后现场对电流互感器开展例行试验,由于电流互感器B相本体已完全烧毁,无法进行试验,只对A、C相电流互感器进行了绝缘电阻及介损试验,试验数据如表2.6.3,试验结果合格。

表2.6.3 电流互感器现场试验结果

相别	主绝缘绝缘电阻	末屏绝缘电阻	主绝缘电容量	电容量初值	主绝缘介损
A相	101100MΩ	60000 MΩ	845.9 PF	857.5 PF	0.223%
C相	110000 MΩ	56000 MΩ	793.7 PF	807.5 PF	0.244%

对A、C相电流互感器取油进行油试验,试验数据如表2.6.4,试验结果合格。

表2.6.4 绝缘油色谱试验结果

相别	H_2(μL/L)	CH_4(μL/L)	C_2H_6(μL/L)	C_2H_4(μL/L)	C_2H_2(μL/L)	总烃(μL/L)	水分(mg/L)	耐压(kV)
A相	18	6.04	0.82	0	0	6.86	1.9	56.7
C相	18.24	6.65	0.88	0	0	7.53	2.0	67.7

此外,对瓷套受损的 217 间隔 B 相断路器支柱绝缘子、2173 隔离开关支柱绝缘子进行探伤检查,检测结果合格。

(三)原因分析

1. 220 kV I 母差动保护动作跳闸原因

217 间隔 B 相电流互感器,在运行过程中发生内部击穿故障,导致 B 相接地,线路保护动作跳开 217 间隔 B 相断路器。

然而,217 间隔 B 相电流互感器内部击穿故障引起了瓷套炸裂起火,烟尘向四周飘散,导致同间隔 A 相电流互感器母线侧接线板对地放电,使得 A 相接地,且接地点位于母差保护范围内,220 kV I 母差动保护正确动作。

2. 217 间隔 B 相电流互感器炸裂原因

综合现场保护动作情况、故障录波、视频监控等检查结果,以及结合故障电流互感器器身检查结果认定,217 间隔 B 相电流互感器瓷套炸裂起火,是由于内部器身底部主绝缘击穿导致。

分析 217 间隔 B 相电流互感器器身主绝缘击穿原因,调阅其历年来的试验记录,最近一次例行试验时间为 2017 年 12 月,开展了电容量及介损试验,结果无异常,可以判断当时主绝缘无异常,此时距其投运日期(2013 年 8 月)过去已有 4 年多。因此,对于已非常成熟的油纸绝缘,可以排除 B 相电流互感器主绝缘自身存在缺陷。

结合瓷套炸裂原因进一步分析。根据 GB 20840.1－2010《互感器通用技术要求》中的 6.9 条款:"在互感器内部电弧故障电流方均根值小于 40 kA 时,电弧故障持续时间 0.2 s,内部电弧故障防护级别 I 要求为:允许容器破碎和着火,但所有的飞逸碎片被遏制在限定区内(此区域直径等于互感器对径加上两倍互感器高度);内部电弧故障防护级别 II 要求为:除配用的压力释放装置动作外无外部效应,无破碎"。由此可见,即便是对于内部电弧故障防护级别 I 的瓷套,也要满足:"内部电弧小于 40 kA、故障持续时间 0.2 s 时,允许容器破碎和着火,但所有的飞逸碎片被遏制在限定区内。"然而,根据故障录波记录,本次故障电流互感器内部电弧仅为 15 kA,且只持续了约 0.05 s,且在压力释放装置未泄压的情况下,即导致了该电流互感器瓷套炸裂,且炸裂的碎屑飞至限定区外,造成相邻设备受损。因此,可以认定:本次电流互感器故障时瓷套已存在裂纹等结构缺陷。2017 年,同批次 218 溧众 I 线间隔 C 相电流互感器瓷套开裂故障可以进一步佐证。

因此,本次 217 间隔 B 相电流互感器的直接故障原因是:瓷套存在裂纹等结构缺陷,雨水渗入,导致电流互感器主绝缘强度降低,在运行过程中发生内部击穿,产生 15 kA 持续 50 ms 的短路电流。电流互感器内部绝缘油受热汽化膨胀,使得已存在裂纹缺陷的瓷套因无法承受压力,先于压力释放装置动作而炸裂。瓷套开裂的根本原因与2017年218间隔C相电流互感器瓷套开裂原因一致,均为烘干时工艺控制不严,内部应力没有完全均匀释放而存在微裂纹。

(四)下一步工作建议

①为避免同类故障再次发生,应尽快更换18台在运的同批次电流互感器。

②各单位应根据变电站内电气设备的布置高度不同,差异化配置相关消防设施,对户外充油设备布置较高的变电站,配置推车式灭火器,并根据设备高度配备长度足够的喷管。

③各单位应结合变电站实际,组织修编《变电站消防专项应急处置预案》,明确高压室、户外充油设备灭火处置原则,运维站每半年组织开展一次消防应急演练。

④各单位应严格按照《国家电网公司变电运维管理规定》第十一章设备缺陷管理,做好缺陷发现、建档、上报、处理、验收等全过程的闭环管理。对于漏油等缺陷,要结合消缺深入分析缺陷原因。缺陷处理后,运维人员应进行现场验收,核对缺陷是否消除。

七、电流互感器电流测量异常

(一)事件基本情况

2015年5月7日,某220 kV变电站116开关间隔A相电流互感器监控显示电流异常,B、C相电流正常。继电保护人员在变电站计量装置查得二次侧电流A相为60 mA,B、C相电流为200 mA;线路保护装置显示A相电流接近为0,B、C相电流为25 mA,母差、故障录波装置显示电流A相为8 mA,B、C相电流为25 mA。

发现A相电流互感器故障后,及时拆除了A相电流互感器,并用临近间隔电流互感器替代安装至A相,5月8日中午12:50恢复了116开关间隔运行,运行正常。

(二)现场检查及试验情况

1. 设备基本情况,如表 2.7.1 所示

表 2.7.1　LVQB-110W 型电流互感器铭牌参数

生产厂家		设备型号	
/		LVQB-110W	
二次端子标志	一次串联变比	一次并联变比	额定输出
1S1-1S2 2S1-2S2 3S1-3S2	600/1	1200/1	5P30 级 30 VA
4S1-4S2	300/1	600/1	0.5 级 15 VA
4S1-4S3	600/1	1200/1	0.5 级 30 VA
5S1-5S2	300/1	600/1	0.2S 级 15 VA
5S1-5S3	600/1	1200/1	0.2S 级 30 VA

2. 现场试验情况

继电保护人员经停电做电流互感器变比、伏安特性试验,发现 B、C 相电流互感器正常,A 相电流互感器故障。A 相电流互感器故障情况如下:

线路保护绕组实测变比不稳定,时有时无,额定变比为 600/1;

母差保护绕组实测变比为 1664.6/1,额定变比为 600/1;

故障录波保护绕组实测变比为 1778/1,额定变比为 600/1;

测量绕组实测变比为 1333/1,额定变比为 300/1;

计量绕组实测变比为 1098.3/1,额定变比为 300/1。

为深入分析设备故障原因,防止该类设备故障再次发生,5 月 19 日将故障电流互感器运回厂家解体,查找内部故障部位。

(三)返厂试验及解体检查情况

1. 外观检查情况

检查产品气体密度继电器压力指示正常,壳体、套管、接线盒等均无损坏。但发现 P2 端接线端子发生了变形,向上倾斜,如图 2.7.1 所示(据现场检修人员反应,设备从安装架上拆除之前就已存在倾斜)。

图 2.7.1　导电杆向上倾斜

2. 返厂试验情况

厂家先后进行了电流互感器的误差试验、一次绕组绝缘电阻试验、二次绕组直流电阻试验、绝缘电阻试验、1 分钟工频耐压试验。试验结果如下：

（1）误差试验

一次绕组为串联方式：产品首先在原运行状态（串联状态），变比为 600/1 下进行绕组误差试验。试验结果显示 0.5 级绕组比差为 -63.47%，角差为 -445.0 分；0.2S 级绕组比差为 -63.44%，角差为 -448.2 分；5P30 级比差为 -63.45%，角差为 -453.6 分，严重超出 GB 1208-2006 标准中表 12、13 的规定。

一次绕组并联方式：拆下串联接线板，在并联状态 1200/1 下进行绕组误差试验。试验结果 0.5 级绕组比差为 0.11%，角差为 0 分；0.2S 级绕组比差为 0.12%，角差为 0 分；5P30 级比差为 -0.17%，角差为 2.5 分，符合标准规定。

（2）一次绕组绝缘电阻试验

一次绕组绝缘电阻试验用 2500 V 兆欧表测试，结果显示内、外导电杆间绝缘电阻为 0 MΩ。

（3）二次绕组直流电阻试验及绝缘电阻试验，如表 2.7.2、表 2.7.3 所示。

表 2.7.2　二次绕组直流电阻试验

二次绕组	1S1-1S2	2S1-2S2	3S1-3S2	4S1-4S2	4S1-4S3	5S1-5S2	5S1-5S3
直流电阻（Ω）	5.089	5.141	5.092	1.338	2.730	1.331	2.721

表 2.7.3　二次绕组绝缘电阻试验

绝缘电阻测量（MΩ）	1S－2S	1S－3S	1S－4S	1S－5S	2S－3S	2S－4S	2S－5S	3S－4S
	1000	1000	1000	1000	1000	1000	1000	1000
	3S－5S	4S－5S	1S－地	2S－地	3S－地	4S－地	5S－地	
	1000	1000	1000	1000	1000	1000	1000	

（4）工频耐压试验（1分钟），如表 2.7.4 所示。

表 2.7.4　工频耐压试验（1分钟）

一次绕组	一次对二次及地								
工频耐压	184 kV（80%×230 kV）								
二次绕组匝间耐压	1S1－1S2	2S1－2S2	3S1－3S2	4S1－4S2	4S1－4S3	4S2－4S3	5S1－5S2	5S1－5S3	5S2－5S3
	4500 V	4500 V	4500 V	4500 V	4500 V	4500 V	4500 V	4500 V	4500 V

（5）试验结果分析

①一次绕组为串联方式时，角差、比差数据均不合格；

②一次绕组为并联方式时，角差、比差数据合格；

③内、外导电杆间绝缘电阻不合格。

④工频耐压试验、二次绕组直流电阻试验、二次绕组绝缘电阻试验，试验结果均合格。

3.解体检查情况

因停电试验结果异常，对 A 相电流互感器进行了解体分析，结果如下：

（1）拆除内导电杆

从外观上看，由于 P2 端接线段子发生了变形，可能导电杆也受损变形，现场将内导电杆拆下，发现内导电杆确实已经弯曲变形，如图 2.7.2 所示，表面有明显的碰损痕迹，如图 2.7.3 所示。外导电杆内表面也受到磨损，如图 2.7.4 所示。现场从内导电杆内倒出大量泥土，如图 2.7.5 所示，推测产品可能在施工中发生了倾倒。

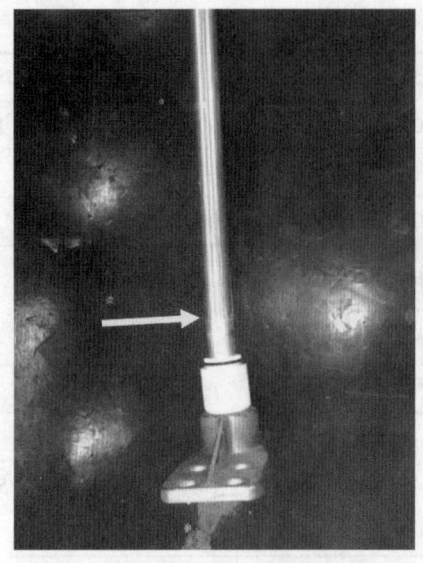
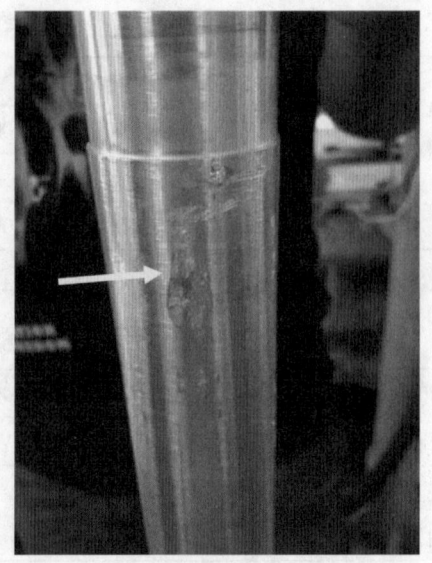

图2.7.2　内导电杆出口处弯曲情况　　图2.7.3　内导电杆弯曲处磨损情况

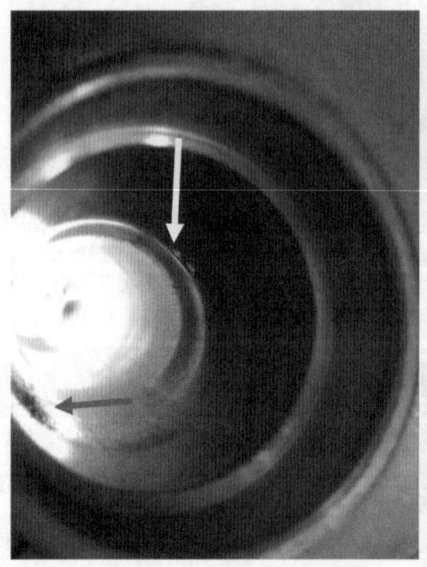

图2.7.4　外导电杆轻微磨损并有粉末脱落　　图2.7.5　内导电杆后有泥土下落

(2) 拆除密封罩

拆除密封罩后,发现外导电杆也已经向上倾斜,如图2.7.6所示。打开器身检查发现二次线圈绕组屏蔽筒略微向一侧偏移,推测产品受到撞击引起了屏蔽筒微小变形,如图2.7.7所示。

图 2.7.6 外导电杆倾斜情况　　图 2.7.7 屏蔽筒发生位移未在腔体正中

(3) 一次绕组串并联方式原理分析

LVQB-110W 型 SF$_6$ 互感器为多变比电流互感器，采用一次绕组串联或并联连接，且采用二次绕组抽头的方法，获得多种电流比的电流互感器。多变比电流互感器的一次绕组串并联方式，如图 2.7.8 所示。

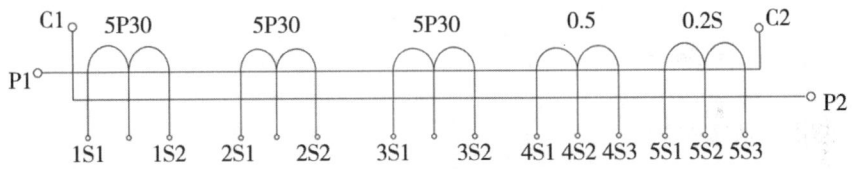

图 2.7.8　一次绕组串并联方式

116 开关间隔 A 相电流互感器一次绕组原连接方式为串联，即 P1 与 P2 串联通过互感器外部的串联连接板实现，如图 2.7.9 所示。

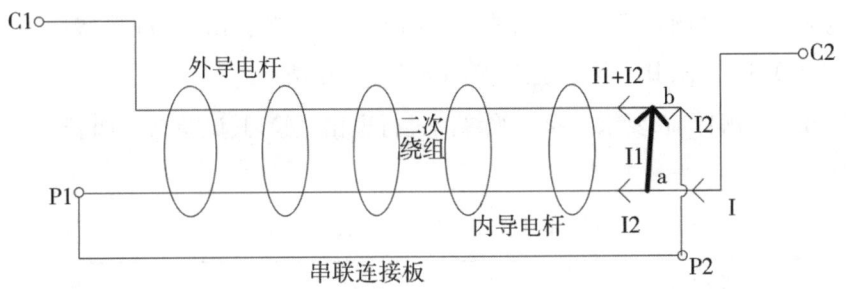

图 2.7.9　运用串联连接板实现串联连接

当内外导电杆内部形成通路时，a、b 两点间形成等效电路图，如图 2.7.10 所示，电流 I 经过 a 点分流为 I_1、I_2，流过内导电杆的电流为 I_2，则流过外导电杆的电流为 $I_1+I_2=I$，则流过二次绕组的总电流为 $I+I_2$。I_1、I_2 的具体值与内外导电杆接触点处的接触电阻有关。不再是并联时候的 I，也不是串联时的 2I，故变比会随着接触电阻的大小出现不稳定变化。

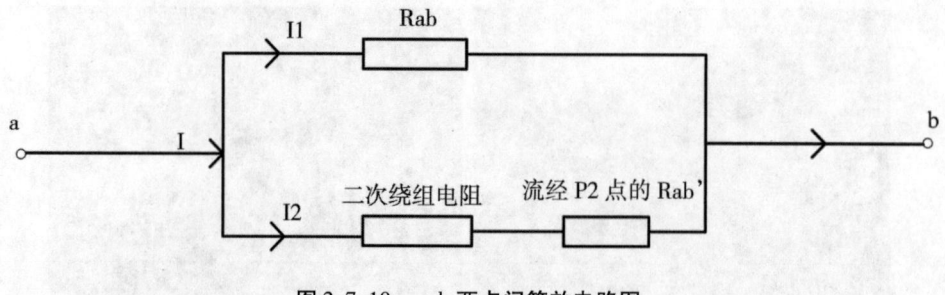

图 2.7.10　a、b 两点间等效电路图

(四) 原因分析

综合现场外观检查、试验及解体情况,判定故障原因为:设备在安装施工过程中发生意外倾倒,致使接线端子和一次导电杆在外力作用下变形,使内外导电杆之间发生了不良接触,串联变比不能准确传递信号。因而导致设备在运行中变比十分不稳定,二次电流时有时无。

八、电流互感器异响

(一) 事件基本情况

4月17日,某500 kV变电站#2主变扩建间隔220 kV侧电流互感器A相在试送电时发现内部有异响。该电流互感器型号为LBT5-220W2,出厂时间为2012年9月。

(二) 返厂试验及解体检查情况

该电流互感器为油浸正立式结构,二次有六个绕组引出,其准确级分别为TPY、TPY、5P、5P、0.5、0.2S,其中第5绕组、第6绕组带中间抽头。

在对互感器解体前,要求厂家取绝缘油进行理化试验,其试验结果如表2.8.1所示,试验合格。

表 2.8.1　绝缘油试验结果

试验项目	单位	试验数据
绝缘油耐压	kV	55
介质损耗因数 $\tan\delta$ ($t=90\ ℃$; $U=2\ kV$)		0.0024
含水量	μL/L	12
含气量	%	1.99
凝点	℃	-46
H_2	μL/L	6

续表

试验项目	单位	试验数据
CO	μL/L	24
CO2	μL/L	175
CH4	μL/L	0.41
C2H4	μL/L	0
C2H6	μL/L	0
C2H2	μL/L	0
总烃	μL/L	0.41
备注	45#变压器油	

打开二次接线板，发现第6绕组第1抽头6S1、第3抽头6S3至二次绕组引出线端子板连接处断裂，如图2.8.1所示。

图 2.8.1　6S1、6S3 二次抽头引线断裂

打开互感器油箱，吊出器身，发现第6个绕组上表面绝缘局部有轻微破损，如图2.8.2所示，其余未发现明显异常。

图 2.8.2　二次绕组器身

拆开所有二次绕组抽头引出线,发现二次绕组引线均为单芯镀漆铜线,其中 5P、0.5、0.2S 级绕组抽头引出线线径较小,为 1.12 mm,TPY 级绕组的线径稍大,为 1.8 mm,如图 2.8.3 所示。

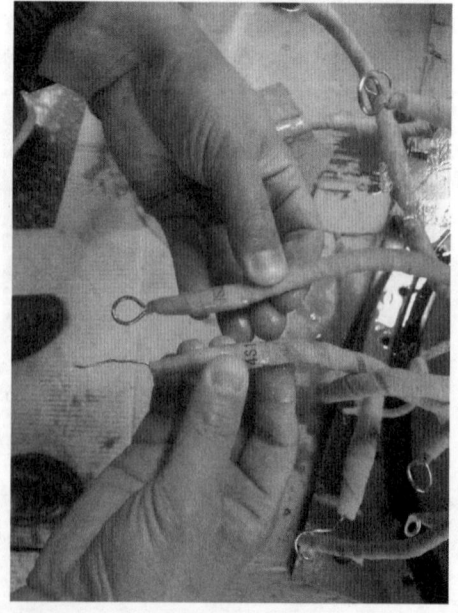

图 2.8.3　不同准确级二次绕组抽头引出线线径对比

查看二次绕组抽头引出线，有多处铜线表面存在不同程度的刮伤受损情况。根据厂家介绍，二次绕组抽头引出线的安装过程为：由操作工人利用工具刀将单芯镀漆铜线表面的漆层刮落，将铜导线弯成圆环，压在二次接线板的螺栓垫片中，如图 2.8.4 所示，其操作过程无相应的控制标准，其安装质量与操作工人的安装经验有关。

图 2.8.4　二次引线接线板

(三) 原因分析

根据上述解体检查结果，分析电流互感器异响的原因为：电流互感器二次绕组中 5P、0.5、0.2S 级绕组抽头引出线线径小，强度不够，且生产厂家在二次抽头安装过程中工艺处理不当造成引出线受损，在投运送电时二次绕组中第 6 绕组开路，一次电流全部为励磁电流，励磁磁势很大，铁芯中磁通密度 B 增加很大，铁芯饱和。因磁通密度的增加和磁通的非正弦性原因，硅钢片振动力加大，产生较大噪声，使电流互感器内部发出异响。

(四) 下一步工作建议

①要求厂家对电流互感器 A 相进行整体更换，并对更换的电流互感器二次绕组抽头采取更加可靠的材质及工艺，其改进的具体措施应书面提交江西省电力公司。

②由于 B、C 相与 A 相为同批次、同结构产品，可能存在相同的质量问题，由于现场不具备检查条件，建议将 B、C 相返厂进行检查，并按改进措施对其二次绕组抽头采取更加可靠的材质及工艺，以排除设备可能存在的安全隐患。

九、电流互感器绝缘支撑件击穿

(一)事件基本情况

2013年4月4日,某500 kV变电站线路保护动作,5041、5042断路器C相单相跳闸,对侧5032、5033断路器C相单相跳闸,线路保护单跳仍无法切除故障电流转三跳。5042断路器失灵、死区保护动作,500 kV Ⅱ母失灵保护跳5012、5023、5032断路器三相,并启动远跳,跳对侧变电站5032、5033断路器三相。

(二)现场检查及试验情况

1. 雷电活动及避雷器动作情况

查阅雷电定位系统,故障时刻前后5分钟内变电站及线路走廊5 km半径范围内落雷1次,落雷时间为18时28分4秒,雷电流幅值为-29.6 kA,落雷点距线路1.9公里,最近杆塔为#323塔,该杆塔距变电站8.228 km,如下图2.9.1所示。

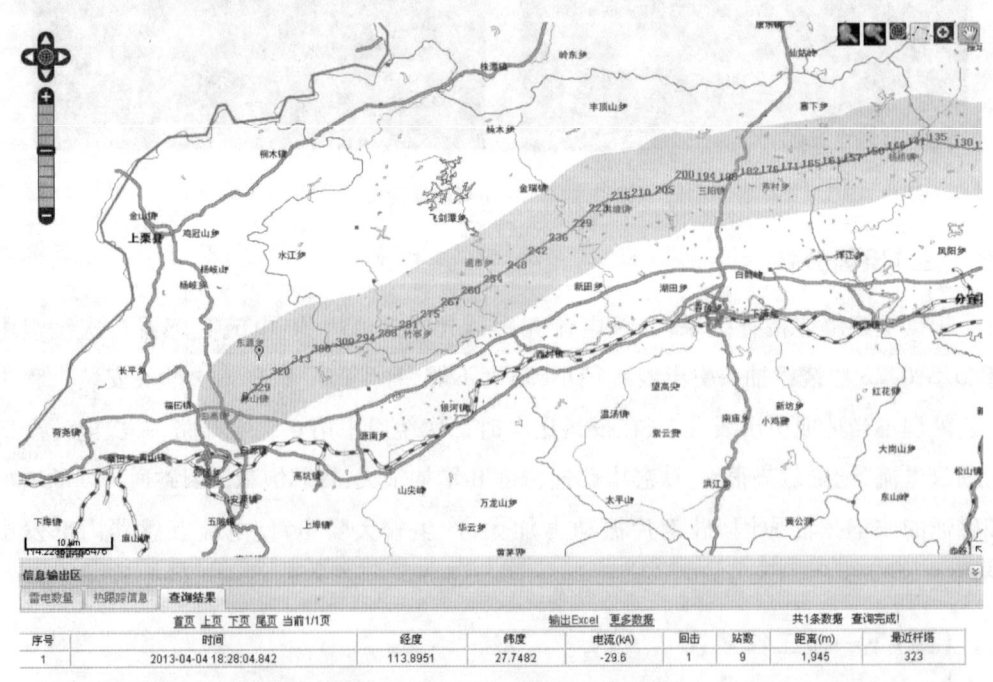

图2.9.1 雷电定位系统查阅记录

对比故障前后避雷器动作记录,期间某某Ⅰ回线线路间隔三相避雷器及高抗避雷器各动作1次,某某Ⅱ回线线路间隔C相避雷器及C相高抗避雷器动作1次,避雷器动作记录见表2.9.1。

表2.9.1 故障期间某某变避雷器动作情况

记录时间	故障前			故障后		
相序	A	B	C	A	B	C
某某Ⅰ回线线路间隔避雷器	42	40	45	43	41	46
某某Ⅰ回线高抗避雷器	31	30	35	32	31	36
某某Ⅱ回线线路间隔避雷器	43	40	43	43	40	44
某某Ⅱ回线高抗避雷器	33	30	33	33	30	34

2. 避雷器及电流互感器红外测温、带电测试记录

查阅变电站一次设备红外测温报告,2013年4月1日相关设备测温结果无异常,具体数据如表2.9.2所示。

表2.9.2 相关一次设备红外测温结果

湿度50% 环境温度17℃ 记录时间2013年4月1日				
设备名称	温度(℃)			负荷
	A相	B相	C相	
5031断路器 电流互感器	18.4	18.3	18.4	I = 131.86 A P = −127.18 MW Q = −9.89 Mvar
5032断路器 电流互感器	18.4	18.6	18.5	I = 95.82 A P = −85.26 MW Q = −8.37 Mvar
5041断路器 电流互感器	19.8	19.7	19.7	I = 125.71 A P = −121.05 MW Q = −12.94 Mvar
5042断路器 电流互感器	19.7	19.8	19.7	I = 101.97 A P = −89.83 MW Q = −11.41 Mvar

查阅变电站避雷器带电测试报告,2012年8月31日相关避雷器全电流及阻性电流带电测试结果正常,具体数据见表2.9.3。

表 2.9.3 相关避雷器带电测试结果

间隔名称	相别	运行电压（kV）	全电流（mA）	阻性电流（mA）	相角差（度）
罗安Ⅰ回线高抗避雷器	A	288.691	0.882	0.090	83.5
	B	288.691	0.758	0.085	83.5
	C	288.691	0.776	0.091	83.5
罗安Ⅱ回线高抗避雷器	A	288.691	0.792	0.090	83.5
	B	288.691	0.755	0.085	83.5
	C	288.691	0.801	0.091	83.5
罗安Ⅰ回线线路间隔避雷器	A	288.691	0.775	0.088	83.5
	B	288.691	0.728	0.082	83.5
	C	288.691	0.751	0.085	83.5
罗安Ⅱ回线线路间隔避雷器	A	288.691	0.758	0.086	83.5
	B	288.691	0.748	0.084	83.5
	C	288.691	0.776	0.088	83.5

3. 故障后相关 SF_6 电流互感器气体成分分析测试

故障后,对 5031、5032、5042 断路器电流互感器进行了 SF_6 气体分解物成分、水分测试,结果见表 2.9.4。

表 2.9.4 气体成分分析测试结果

气体（μL/L）	5031 断路器 CT			5032 断路器 CT			5042 断路器 CT			参考标准
	A	B	C	A	B	C	A	B	C	
SO_2	0	0	111.6	0	0	0	0	0	97.7	≤2
H_2S	0	0	0	0	0	0	0	0	0	≤2
CO	9.2	12.5	700.9	9.4	12.8	7.9	13.8	11.4	697.1	
水分(mg/L)	145	165	201	150	135	160	155.2	173.2	250	≤500

测试结果显示,5031 断路器 C 相电流互感器及 5042 断路器 C 相电流互感器 SF_6 气体成分分析测试结果存在异常,表明两台电流互感器内部存在放电故障。微水测试和其他各相 SF_6 气体成分分析测试结果正常。

发生故障的 5031 断路器 C 相电流互感器及 5042 断路器 C 相电流互感器型号 SAS550,于 2007 年 10 月 1 日出厂,2007 年 12 月 26 日投运。

(三) 返厂试验及解体检查情况

2013 年 4 月 11 日,对变电站 5031、5042 断路器 C 相故障电流互感器进行了解体检查。

由于运输需要,两台故障电流互感器在返厂运输前,按规定内部气体已经被回收,电流互感器压力已降至运输压力,5031 断路器 C 相电流互感器气体压力已回收至 0.08 MPa,5042 断路器 C 相电流互感器气体压力已回收至 0.03 MPa,故返厂后未再进行 SF_6 气体成分分析、微水测试。

1.5042 断路器 C 相电流互感器解体检查情况

①解体前测量一次绕组对地绝缘电阻为 1000 MΩ。

②第 4 个绝缘支撑件(俗称"牛腿",位于电流互感器 L2)表面有贯穿性爬电痕迹,第 1 个绝缘支撑件有上部电弧灼伤痕迹;L1 侧两根支撑件完好,无任何放电痕迹,如图 2.9.2 所示。

(a) 第 4 个绝缘支撑件　　　　　　　(b) 4 个绝缘支撑件对比

图 2.9.2　5042 断路器 C 相电流互感器 4 个绝缘支撑件检查情况

③二次绕组屏蔽罩 L2 侧有两个放电穿孔,其中一个直径约 2 cm,另一个直径约 0.5 cm;二次绕组屏蔽罩与筒体连接部位有 1 个放电穿孔,穿孔直径约 1 cm;对应躯壳部位有大面积黑色放电烧蚀痕迹,如图 2.9.3 所示。

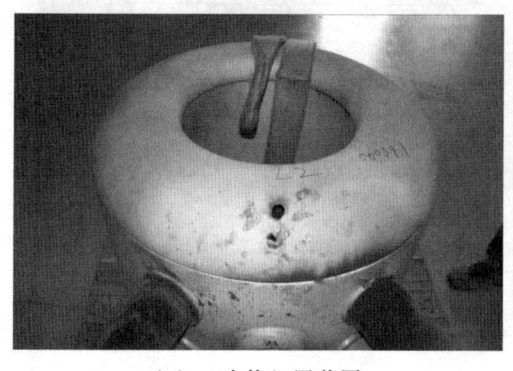 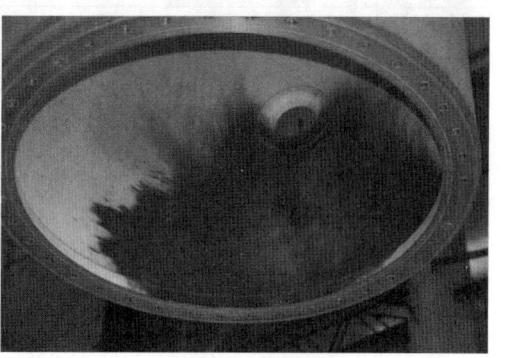

(a) 二次绕组屏蔽罩　　　　　　　(b) L2 侧躯壳内壁

图 2.9.3　5042 断路器 C 相电流互感器二次绕组屏蔽罩和 L2 侧躯壳内壁检查情况

④电容屏屏蔽筒上端明显凹陷变形,电容屏表面自上而下有大片黑色放电烧蚀痕迹,玻璃钢筒的内壁对应部位自上而下有贯穿性放电烧蚀痕迹,如图2.9.4所示。

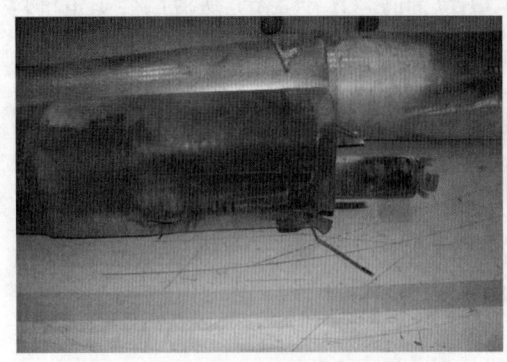 

(a)电容屏屏蔽筒上部　　　　　　　　　　(b)玻璃钢筒内壁

图2.9.4　5042断路器C相电流互感器电容屏屏蔽筒及玻璃钢筒检查情况

2.5031断路器C相电流互感器解体检查情况

①解体前测量一次绕组对地绝缘电阻为零。

②第4个绝缘支撑件(位于电流互感器L2侧)表面有贯穿性烧蚀凹槽,凹槽宽约3 cm,深约1～3 mm;其他3根绝缘支撑件完好,无放电痕迹;二次绕组屏蔽罩附着有大量放电分解物,如图2.9.5所示。

(a)L2侧支撑绝缘子　　　　　　　　　　(b)L1侧支撑绝缘子

图2.9.5　5031断路器C相电流互感器支撑绝缘子检查情况

③电容屏屏蔽筒上端凹陷变形,电容屏表面自上而下有大片黑色放电烧蚀痕迹,玻璃钢筒的内壁对应部位自上而下有贯穿性放电烧蚀痕迹,如图2.9.6所示。

(a) 电容屏屏蔽筒　　　　　　　　　　(b) 玻璃钢筒

图 2.9.6　5031 断路器 C 相电流互感器电容屏屏蔽筒及玻璃钢筒检查情况

（四）雷电过电压侵入情况仿真分析

1. 模型介绍

为定量分析雷电流通过线路导线入侵变电站时，5031、5042 断路器 C 相电流互感器经受的过电压，利用 ATP 仿真软件搭建了变电站及线路模型。

线路导线和地线采用 JMarti 线路模型，杆塔采用多层波阻抗模拟，雷电流绕击击中某某Ⅱ回线#323 塔 C 相导线。500 kV 母线各段根据变电站平面布置图的实际尺寸建立波阻抗模型。

2. 仿真结果分析

根据雷电定位系统记录，距离落雷点最近的杆塔为#323 杆塔，#323 杆塔到该 500 kV 变电站的输电线路长度为 8.228 km。当雷电流击中某某Ⅱ回线 C 相时，在#323 杆塔绝缘子串不发生闪络的情况下，#323 杆塔雷电过电压幅值约为 2160 kV。如果某某Ⅱ回线高抗及线路间隔无避雷器保护，当雷电流行进至变电站入口时，雷电过电压幅值较#323 杆塔处有衰减，但仍然高达 1300 kV，此时 5042 断路器 C 相电流互感器、5031 断路器 C 相电流互感器将分别承受 1280 kV、1230 kV 的残压冲击作用，如图 2.9.7 所示。

如果某某Ⅱ回线线路间隔有避雷器保护，但高抗处无避雷器保护，当雷电流行进至变电站入口时，线路间隔避雷器可以将入侵的雷电过电压幅值限制在避雷器残压 1062 kV 水平，但是避雷器残压将继续行进至某某Ⅱ回线 C 相高抗、5042 断路器 C 相电流互感器和 5031 断路器 C 相电流互感器。此时，某某Ⅱ回线 C 相高抗、5042 断路器 C 相电流互感器和 5031 断路器 C 相电流互感器将分别需要承受 1125 kV、1015 kV 和 1035 kV 的残压冲击作用，如图 2.9.8 所示。

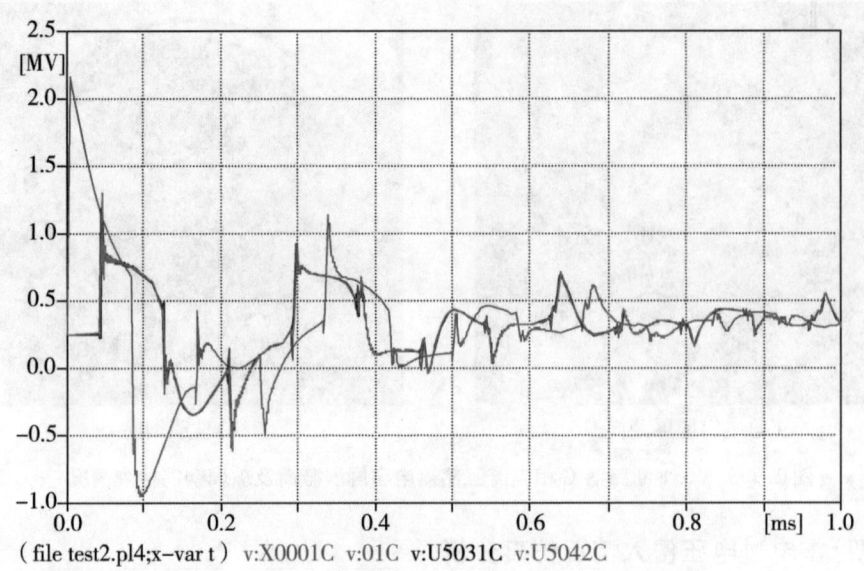

图 2.9.7 线路间隔无避雷器时雷电过电压侵入情况

(其中:X0001C 为#323 杆塔雷击位置处的过电压波,U5031C、U5042C 分别为 5031、5041 断路器 C 相电流互感器处的过电压波)

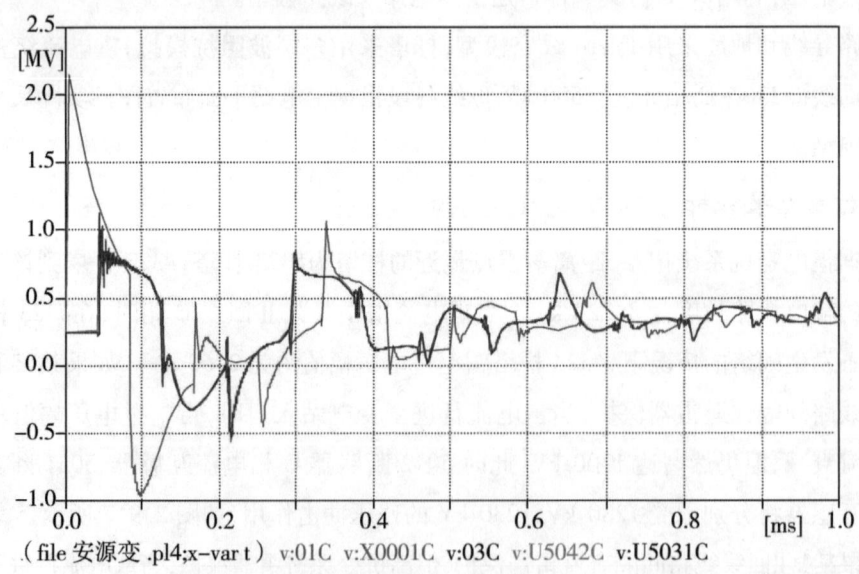

图 2.9.8 线路间隔有避雷器、高抗处无避雷器时雷电过电压侵入情况

实际运行中,某某Ⅱ回线线路间隔装设有避雷器,且高抗处也装设有避雷器。此时,当雷电流行进至变电站入口时,由于避雷器的非线性特性,将入侵的雷电过电压幅值限制在避雷器残压 1062 kV 水平,但是避雷器残压将继续行进至 5042 断路器 C 相电流互感器和 5031 断路器 C 相电流互感器。使得 5042 断路器 C 相电流互感器、5031 断路器 C 相电流互感器分别承受了 950 kV、970 kV 的残压冲击作用,如图 2.9.9 所示。

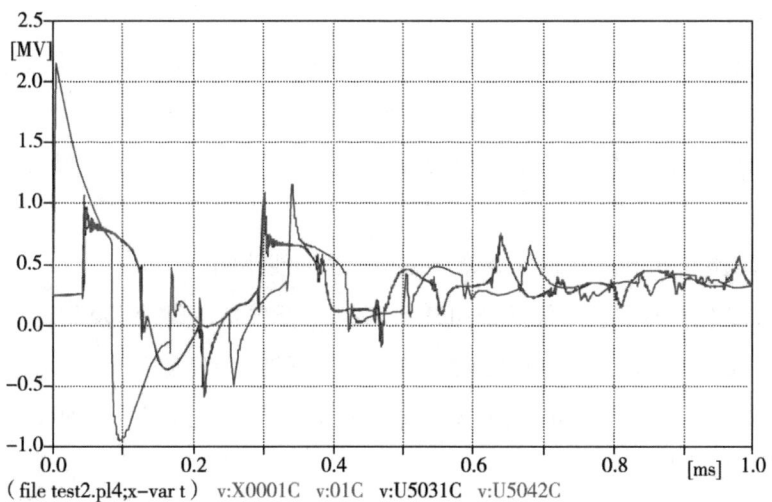

图2.9.9 线路间隔装设避雷器时雷电过电压侵入情况

从以上仿真结果可知:

(1)#323杆塔导线遭受雷电绕击后,雷电过电压经8.228 km后传至变电站,虽经导线电晕损耗有明显衰减,但仍可使线路间隔C相避雷器动作和高抗C相避雷器动作。

(2)避雷器动作后的残压将沿C相母线向500 kV各串传播,由于5031、5042断路器C相电流互感器电气相连,且距离较近,所承受的残压水平和冲击时间非常接近。

(五)原因分析

综合上述调查及试验情况,故障分析原因如下:

1. 5042断路器C相电流互感器故障原因

5042断路器C相电流互感器的第4个绝缘支撑件由于存在缺陷,在高场强作用下不断劣化,长时间运行后产生爬电,绝缘强度不断降低。当雷电过电压入侵变电站时,约950 kV的避雷器残压使其绝缘缺陷进一步劣化。劣化过程中产生的大量分解产物,使二次绕组屏蔽罩与躯壳间的SF_6气体绝缘强度大为下降。在雷电过电压入侵变电站后约100秒,二次绕组屏蔽罩与躯壳间已被污染的SF_6气体间隙在工频电压下发生击穿,发生故障。劣化过程中的分解产物也降低了电容屏屏蔽筒至玻璃钢筒间的SF_6气体绝缘强度,致使电容屏屏蔽筒对玻璃钢筒放电形成灼伤痕迹。

5042断路器C相电流互感器故障导致某某Ⅱ回线线路保护动作,但线路保护动作后,5041及5042断路器无法切除故障电流,致使500 kVⅡ母发生母差保护动作,500 kVⅡ母失压。

2. 5031断路器C相电流互感器故障原因

5031断路器C相电流互感器的第4个绝缘支撑件由于存在缺陷,在高场强作用下不断劣化,长时间运行后产生爬电,绝缘强度不断降低。当雷电过电压入侵变电站时,约 970 kV 的避雷器残压使其绝缘缺陷进一步劣化,最终造成工频电压下高压顶板至二次绕组屏蔽罩沿绝缘支撑件表面贯穿性放电,发生故障。第 4 个绝缘支撑件劣化过程中产生的分解产物使 SF_6 气体绝缘强度下降,致使电容屏屏蔽筒对玻璃钢筒放电形成灼伤痕迹。

5031 断路器 C 相电流互感器故障导致某某 I 回线跳闸。

经查,2010 年 6 月 30 日,江西公司某某 500 kV 开关站在执行 500 kV II 母由检修转运行操作时,发生一起该公司生产的同型号电流互感器(5033 断路器 A 相电流互感器)绝缘支撑件击穿断裂故障。此外,同型号电流互感器在湖北公司某某 500 kV 变电站等地也发生过多起类似故障。

3. 避雷器动作原因

线路间隔避雷器 C 相及高抗避雷器 C 相动作原因为雷击线路后,雷电波入侵导致。而结合故障时雷电定位系统查询结果(线路仅有一个落雷)分析,某某 I 回线线路间隔避雷器三相及高抗避雷器三相动作原因为当某某 I 回线强送时,线路末端峰值(某某变侧)高达 780 kV 的操作过电压导致。

4. 分析小结

综合以上检查、试验和仿真情况,分析故障原因为:5031 及 5042 断路器 C 相电流互感器存在内部绝缘缺陷,绝缘性能已劣化至难以承受避雷器残压的作用。某某 II 回线遭受一次雷电绕击后,雷电波通过 C 相导线入侵变电站,避雷器动作后的残压使 5042 断路器 C 相电流互感器、5031 断路器 C 相电流互感器几乎同时遭受了一次过电压冲击,使两台互感器的内绝缘进一步劣化,在相隔 65 秒后先后发生击穿情况。

(六)下一步工作建议

①江西省检修分公司应对同型号电流互感器开展专项隐患排查,开展微水、SF_6 气体成分分析测试。对于 SF_6 气体成分分析测试结果存在异常的设备,应将其更换并返厂解体检查分析,确定异常原因。

②将 SF_6 气体成分分析列入 35 kV 及以上 SF_6 气体绝缘电流互感器例行试验项目,各地市公司应切实按照文件要求,落实 SF_6 气体成分分析工作。

③对 5031 断路器电流互感器第 1、2、3 个绝缘支撑件,5042 断路器电流互感器第 2、3 个绝缘支撑件重新进行耐压、局放、X 光探伤、扭矩等相关试验检测,查出绝缘支撑件劣化的根本原因,4 月 30 日前提出详细的分析报告。

十、电流互感器盆式绝缘子沿面放电

(一)事件基本情况

2021年9月20日,某500 kV线路发生B相接地故障,16 ms后线路发生保护动作,41 ms后线路两侧断路器B相跳闸。867 ms后变电站5043断路器B相重合闸启动,930 ms后线路两侧断路器B相重合于故障点。935 ms后变电站Ⅱ母发生母差保护A套差动动作。故障时天气为晴天,变电站无操作。

故障电流互感器型号为LVQBT-500W3,生产日期为2017年7月,投运日期为2018年4月。

(二)现场检查及试验情况

1. 设备检查情况

现场检查发现5043间隔B相电流互感器SF_6压力异常,呈逐渐降低趋势(8时5分SF_6压力值为0.43 MPa,9时0分降低至0.41 MPa,11时00分降低至0.30 MPa);电流互感器顶部防爆膜外罩旁有黑色放电分解物喷出痕迹。变电站其他一次设备未见异常,如图2.10.1所示。

电流互感器外观　　　　顶部防爆膜外罩　　　　电流互感器B相气压值

图2.10.1　5043间隔B相电流互感器检查情况

查阅雷电定位系统,故障时刻前后5分钟内变电站及线路走廊5km半径范围内无落雷;故障前后避雷器计数器示数未变化,动作记录见表2.10.1。

表2.10.1　避雷器动作情况

记录时间	故障前			故障后		
相序	A	B	C	A	B	C
线路避雷器计数器示数	5	5	5	5	5	5

2. 现场试验情况

故障后测试5043间隔B相电流互感器二次绕组绝缘电阻和直流电阻,结果均合格;测试5043间隔电流互感器SF_6气体分解物成分,B相气体成分异常,测试数据见表2.10.2。

表2.10.2 5043间隔三相电流互感器SF_6组分试验结果

相别＼试验项	一氧化碳（μL/L）	二氧化硫（μL/L）	硫化氢（μL/L）
A相	26.8	0	0
B相	1000	2000	2000
C相	31.12	0	0

变电站巡视记录显示,9月16日变电站开展了全面巡视,5043断路器电流互感器A、B、C相压力均为0.45 MPa。

查阅试验记录,5043间隔电流互感器最近一次停电试验时间为2019年10月11日,试验结果合格。

(三) 返厂试验及解体检查情况

1. 电流互感器返厂解体

2021年9月22日,故障电流互感器返厂进行解体检查,情况如下:

解体前在厂内开展电流互感器一、二次绕组绝缘电阻、直流电阻和励磁特性测试,结果均合格。

①防爆膜检查情况。防爆膜有一处细缝,未全部冲开,防爆膜上方盖板内侧可见黑色放电分解物,如图2.10.2所示。

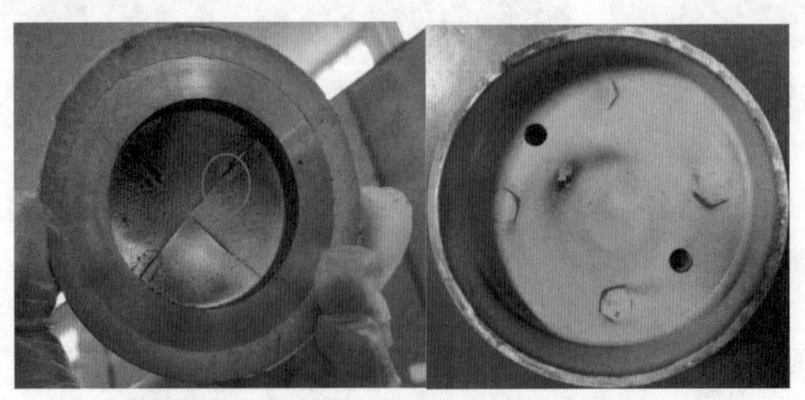

(a) 防爆膜情况　　　　　(b) 防爆膜盖板

图2.10.2 防爆膜检查情况

②二次接线板情况。二次接线板外表面无异常,屏蔽罩接地线烧断;二次引线表面有熏黑痕迹,但无绝缘损伤,如图 2.10.3 所示。

图 2.10.3　二次接线板

③一次导电杆检查情况。外观无异常,未见明显放电灼伤痕迹,如图 2.10.4 所示。

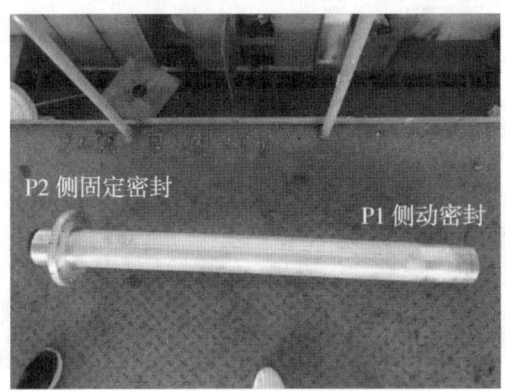

图 2.10.4　一次导电杆

④壳体及二次线圈屏蔽罩检查情况。壳体内部存在大量放电分解物,靠近 P1 侧一次导杆穿孔处下部可见大片黑色放电痕迹,并有多处较为严重的电弧灼蚀凹坑,二次线圈屏蔽罩对应位置也有电弧灼蚀凹坑。二次屏蔽罩整体无变形,如图 2.10.5 所示。

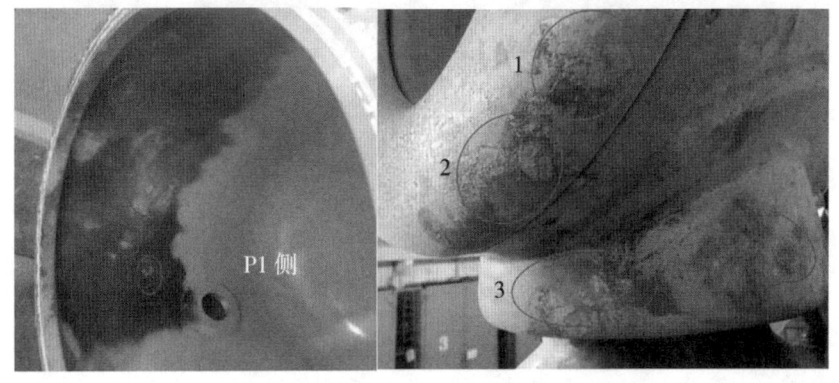

图 2.10.5　壳体及二次线圈屏蔽罩

⑤盆式绝缘子和二次引线管检查情况。盆式绝缘子外表面有贯穿性放电痕迹,用酒精进行擦拭后,表面可见树状放电痕迹,同时存在4处划痕(长度1～4 cm不等),内外表面各两处,如图2.10.6所示;二次引线管连接二次屏蔽罩外壳的金属片熔断,且引线管和盆式绝缘子内表面对应位置有明显的燃弧痕迹,如图2.10.7所示。

 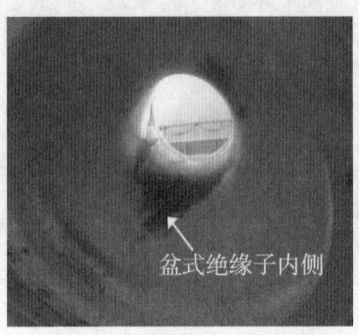

(a)盆式绝缘子外表面放电痕迹　　　(b)盆式绝缘子内表面痕迹

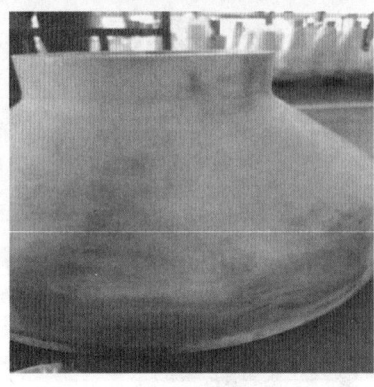 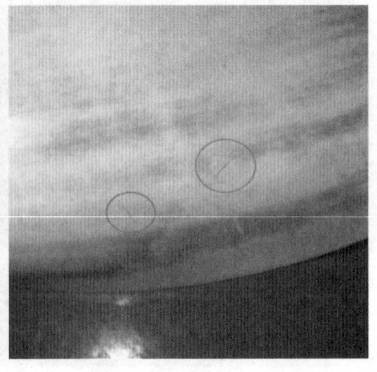

(c)盆式绝缘子外表面酒精擦拭后　　　(d)盆式绝缘子外表面刮痕

图2.10.6　盆式绝缘子

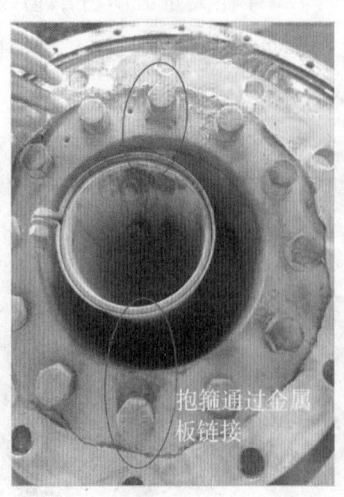 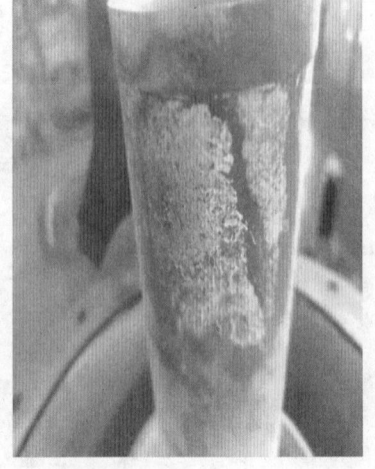

图2.10.7　二次引线管情况

⑥二次线圈检查情况。二次线圈表面无放电痕迹,部分线圈表面涂有乳白胶处(用于固定二次线圈及绝缘垫块)存在黑斑,如图 2.10.8 所示。

图 2.10.8　二次线圈检查情况

2. 盆式绝缘子返厂检查

2021 年 9 月 27 日,对故障电流互感器盆式绝缘子进行检测,清理表面放电痕迹并对刮痕进行打磨处理后,开展了 X 光探伤检测、局部放电及耐压试验。X 光探伤检测未见异常,局放测试结果小于 5 pC,耐压(680 kV)试验顺利通过,如图 2.10.9 所示。

图 2.10.9　绝缘子表面清理后

3. 检查情况小结

解体检查情况表明,互感器内部存在三个放电击穿位置,第一个是盆式绝缘子外表面,放电类型为外表面沿面闪络;第二个是外壳对二次线圈屏蔽罩,放电类型为气体间隙击穿;第三个是二次引线管对二次屏蔽罩,类型为气体间隙击穿。放电位置如图 2.10.10 所示。

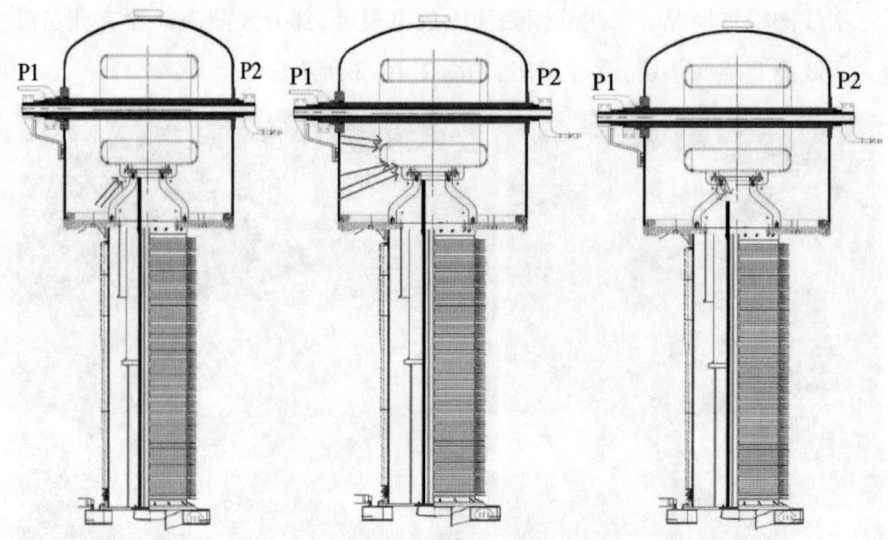

图 2.10.10 放电位置示意图

(四)原因分析

根据盆式绝缘子返厂检测情况,排除盆式绝缘子本身存在质量缺陷。同时电流互感器运行过程中压力正常,没有进行过补气,故障后依然存在 0.43 Mpa 压力,排除电流互感器内部受潮的情况。

根据故障解体情况,推断本次故障起因是盆式绝缘子外表面存在异物缺陷,在运行电压的作用下发生沿面闪络。绝缘子表面放电产生了大量分解物,引起气室内部 SF_6 气体绝缘显著降低,进一步导致壳体与二次线圈屏蔽罩发生气体间隙击穿。

由于故障时短路电流较大,电流互感器二次线圈屏蔽罩接地线及其与二次引线管间的金属连片烧断,并引起二次引线管与屏蔽罩底部拉弧,致使绝缘盆子内表面出现熏黑痕迹。

(五)下一步工作建议

①对在运 18 台同型号电流互感器开展专项隐患排查,进行微水、SF_6 气体成分分析测试,对于测试结果存在异常的设备,应立即更换并返厂解体检查。

②开展盆式绝缘子沿面放电仿真计算,研究划异物对绝缘子沿面放电的影响。

③要求设备厂家加强电流互感器制造过程中环境管控,改善设备器身装配环境,严格控制装配人员装配质量,确保气室洁净。

十一、电流互感器主绝缘放电

(一)事件基本情况

2021年3月31日22时22分50秒,某500 kV变电站两条500 kV线路A相同时发生故障,5041、5042、5043断路器A相跳闸。758 ms后5043断路器重合闸动作,重合成功。871 ms后5041断路器重合闸动作,重合成功。1186 ms后5042断路器重合闸动作,重合后5041、5042、5043断路器同时三相跳闸。故障发生时变电站为强对流天气。

故障电流互感器型号为LVQBT-500W3,2014年9月投运,5042间隔电流互感器朝500 kV Ⅱ母侧布置。上次检修时间为2020年11月,检修试验结果正常。

(二)现场检查及试验情况

1.设备检查情况

现场检查5041、5042、5043间隔一次设备,发现5042间隔A相电流互感器二次接线盒防雨罩跌落地面,接线盒盖板变形并有烧蚀痕迹,如图2.11.1所示。二次接线盒内二次电缆有过流、烧蚀痕迹,如图2.11.2所示。二次设备检查无异常。

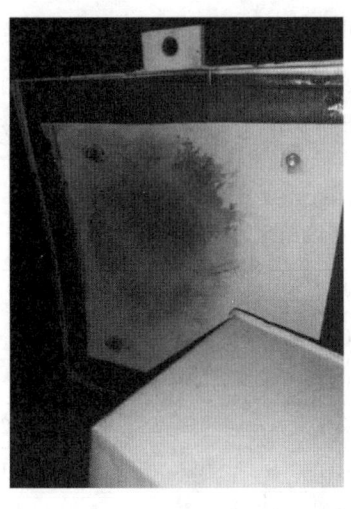
图2.11.1 电流互感器二次接线盒盖板

图2.11.2 电流互感器二次电缆

2.现场试验情况

对5042间隔三相电流互感器开展SF_6微水及组分试验,试验结果如表2.11.1所示。其中A相电流互感器内部SF_6气体成分异常,H_2S为21.9 μL/L,SO_2为856 μL/L,CO为1097 μL/L,B、C相电流互感器数据正常。

表 2.11.1　5042 间隔三相电流互感器 SF_6 微水及组分试验结果

相别＼试验项	一氧化碳（μL/L）	二氧化硫（μL/L）	硫化氢（μL/L）	微水（μL/L）
A 相	1097	856	21.9	250.9
B 相	33.4	0	0	99.8
C 相	93.5	0	0	235.5

用 1000V 绝缘摇表对 A 相电流互感器二次绕组进行绝缘电阻测试,试验结果为 2S 至 7S 共六个绕组对地绝缘电阻均为零。测量二次绕组直流电阻,数据如下,1S 为 8 Ω、2S 为 2.8 MΩ、3S 为 2.9 MΩ、4S 为 2.9 MΩ、5S 为 3.3 kΩ、6S 为 1.7 MΩ、7S 为 2.0 MΩ。测量 B、C 相各绕组直流电阻均在 8 Ω 左右。

(三) 返厂试验及解体检查情况

根据现场检查及试验情况,判断 5042 间隔 A 相电流互感器发生内部放电故障。为进一步确定放电部位及原因,将 5042 间隔 A 相电流互感器返厂开展解体检查。

1. 解体前试验情况

测试电流互感器各绕组对地绝缘电阻、各绕组之间绝缘电阻、直流电阻、工频耐压测试数据见表 2.11.2、表 2.11.3、表 2.11.4。结果可知除了 1S 绕组,其余二次绕组对地绝缘电阻均不合格。对 1S 绕组开展 3 kV 交流耐压试验,试验未通过,试验后复测 1S 绕组对地绝缘电阻,结果为零,表明 1S 绕组在交流耐压过程中对地发生击穿。所有绕组直流电阻测试结果均不合格。

表 2.11.2　各绕组对地绝缘电阻、各绕组之间绝缘电阻

对地绝缘电阻		绕组之间绝缘电阻			
1S－地	2.9 GΩ	1S－2S	2.4 GΩ	3S－4S	0
2S－地	4.4 MΩ	1S－3S	2.7 GΩ	3S－5S	0
3S－地	0	1S－4S	2.1 GΩ	3S－6S	0.2 MΩ
4S－地	0	1S－5S	2.5 GΩ	3S－7S	0.1 MΩ
5S－地	0	1S－6S	2.7 GΩ	4S－5S	0
6S－地	0.2 MΩ	1S－7S	2.7 GΩ	4S－6S	0.2 MΩ
7S－地	0.1 MΩ	2S－3S	4.4 MΩ	4S－7S	0.1 MΩ
		2S－4S	4.2 MΩ	5S－6S	0.2 MΩ
		2S－5S	4.2 MΩ	5S－7S	0.1 MΩ
		2S－6S	4.7 MΩ	6S－7S	0.2 MΩ
		2S－7S	4.4 MΩ		

表 2.11.3 各绕组直流电阻

绕组编号	直流电阻
1S	247 MΩ
2S	18 MΩ
3S	96 MΩ
4S	96 MΩ
5S	158 Ω
6S	390 kΩ
7S	240 MΩ

表 2.11.4 各绕组工频耐压(施加工频电压 3 kV)

绕组编号	试验结果
1S – 地	不通过
2S – 地	不通过
3S – 地	不通过
4S – 地	不通过
5S – 地	不通过
6S – 地	不通过
7S – 地	不通过

2. 解体检查情况

检查电流互感器底座,发现底座支撑部位及接地端子有放电痕迹,如图 2.11.3、图 2.11.4 所示。

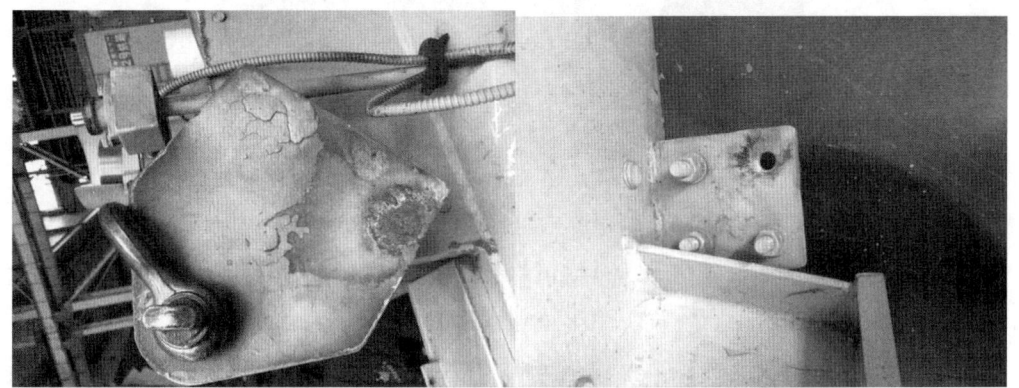

图 2.11.3 电流互感器底座支撑部位　　图 2.11.4 电流互感器底座接地端子

检查电流互感器二次接线盒,发现二次接线端子、接线盒金属板有烧蚀痕迹,如图 2.11.5 所示。

图 2.11.5　电流互感器二次接线盒

拆开二次接线盒,检查接线盒内部端子及二次电缆,未发现明显异常,如图 2.11.6 所示。

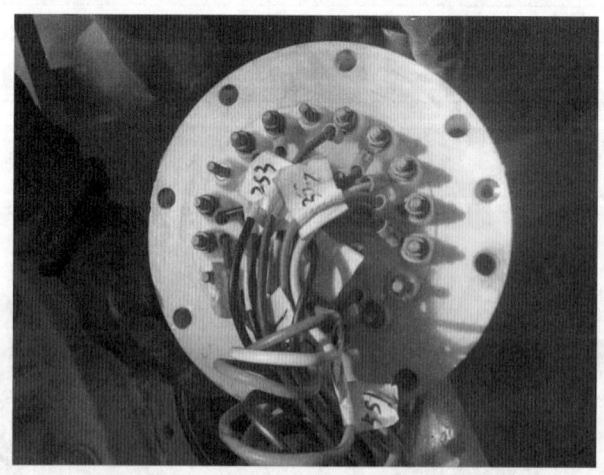

图 2.11.6　电流互感器二次接线盒内部端子

吊起电流互感器顶部壳体,检查中间屏蔽筒,未见异常,如图 2.11.7 所示。检查二次引线管,内表面有烧蚀痕迹,外表面未见异常,如图 2.11.8 所示。

检查发现电流互感器二次电缆烧蚀严重,如图 2.11.9 所示。二次线圈屏蔽罩接地线表面绝缘已全部烧熔,接地线中间部位断裂,如图 2.11.10 所示。

图 2.11.7　电流互感器中间屏蔽筒　　图 2.11.8　电流互感器二次引线管

图 2.11.9　电流互感器二次电缆烧蚀严重

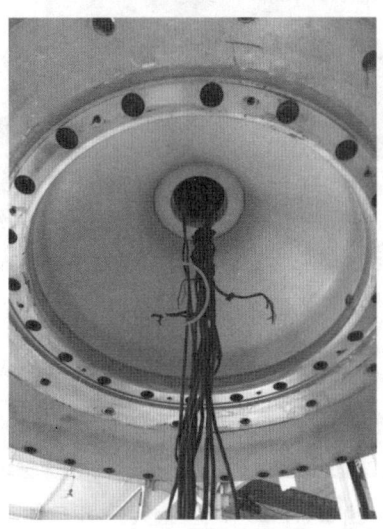

图 2.11.10　电流互感器二次线圈屏蔽罩接地线烧断

检查电流互感器二次屏蔽罩与引线管之间的缓冲绝缘套,发现存在严重的放电烧蚀痕迹,如图 2.11.11 所示。

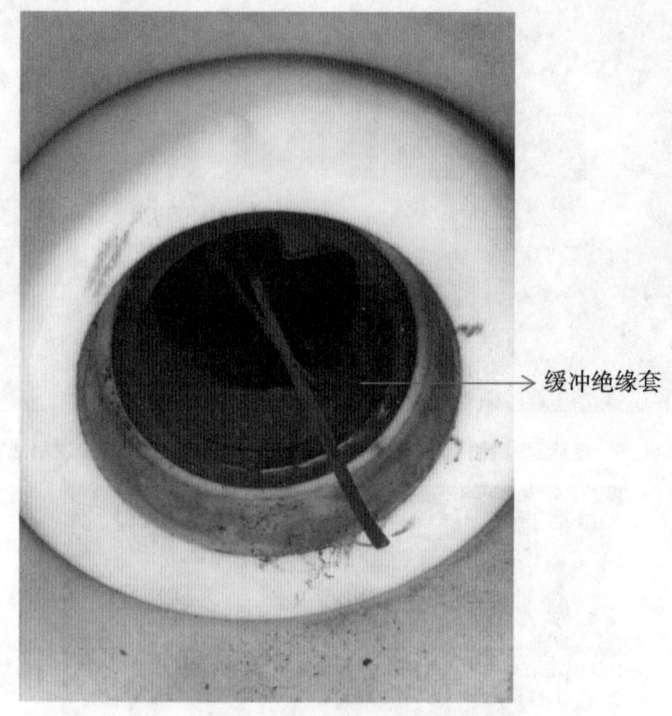

图 2.11.11　电流互感器缓冲绝缘套

拆开电流互感器一次导杆,一次导杆靠 P2 侧表面发现放电过程中飞溅的熔渣,如图 2.11.12 所示,其余未见异常。

图 2.11.12　电流互感器一次导杆

拆开电流互感器外壳,发现内部有大量放电分解物,如图 2.11.13 所示。

图 2.11.13　电流互感器壳体内部有大量放电分解物

电流互感器二次线圈屏蔽罩外壳松动,除了顶部两个固定螺钉完好,其余固定螺钉均发生变形或脱落,如图 2.11.14 所示。屏蔽筒上螺钉固定部位有放电痕迹,如图 2.11.15 所示,壳体内表面对应部位发现放电痕迹,如图 2.11.16 所示。壳体底部放电点对应部位有放电烧蚀产生的熔渣,如图 2.11.17 所示。根据检查情况,判断电流互感器壳体对二次屏蔽罩发生放电。

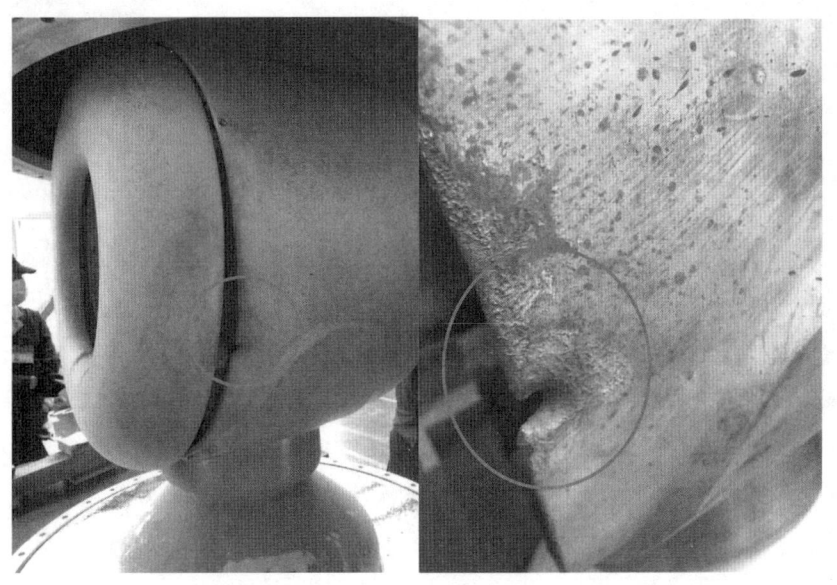

图 2.11.14　二次屏蔽罩外壳松动　　图 2.11.15　二次屏蔽罩放电点

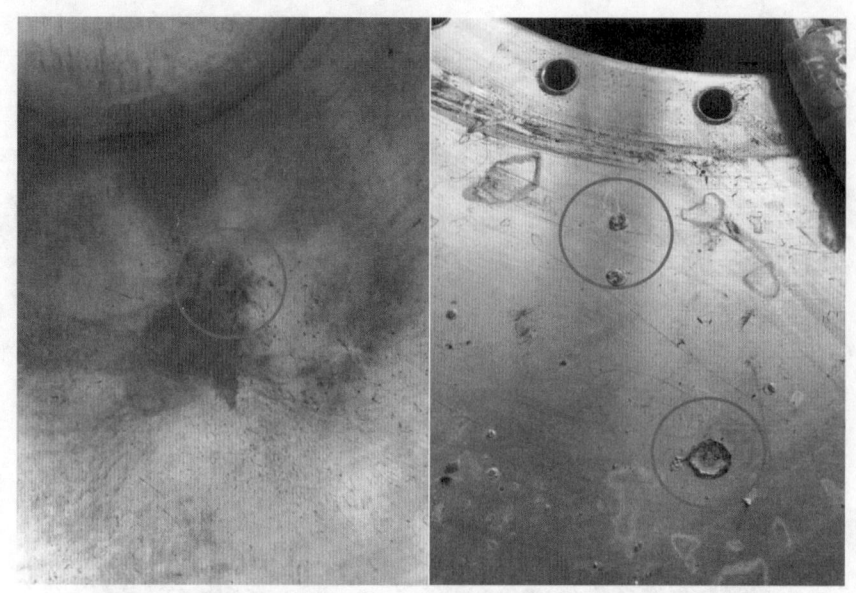

图 2.11.16　电流互感器壳体放电点　　图 2.11.17　电流互感器壳体底部放电熔渣

检查电流互感器支撑绝缘盆,未发现异常,如图 2.11.18 所示。

图 2.11.18　电流互感器支撑绝缘盆

拆开二次金属屏蔽罩,检查二次线圈。二次线圈浇注完好,未发生松动。二次线圈靠近屏蔽罩底部部位烧蚀严重,如图 2.11.19 所示。

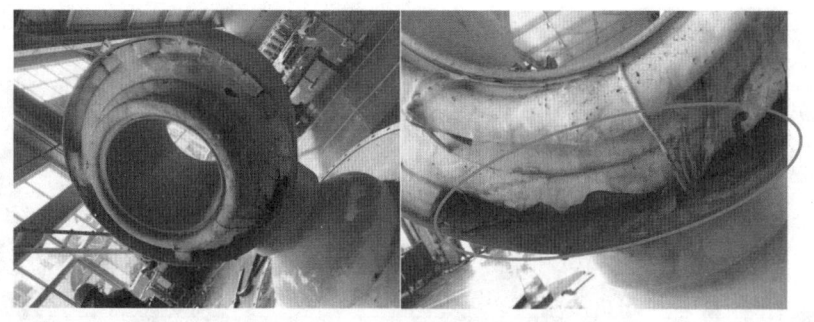

图 2.11.19　电流互感器二次线圈

电流互感器二次线圈由 P2 至 P1 安装排列顺序为 3S－5S－4S－6S－7S－1S－2S。其中 3S、5S 为计量绕组,4S 为保护绕组,1S、2S、6S、7S 为 TPY 绕组。检查最外层 3S、5S、4S 绕组,表面有轻微烧蚀痕迹,其余未见异常,如图 2.11.20～图 2.11.22 所示。拆开 3S 绕组内部线圈,未见明显异常,如图 2.11.23 所示。

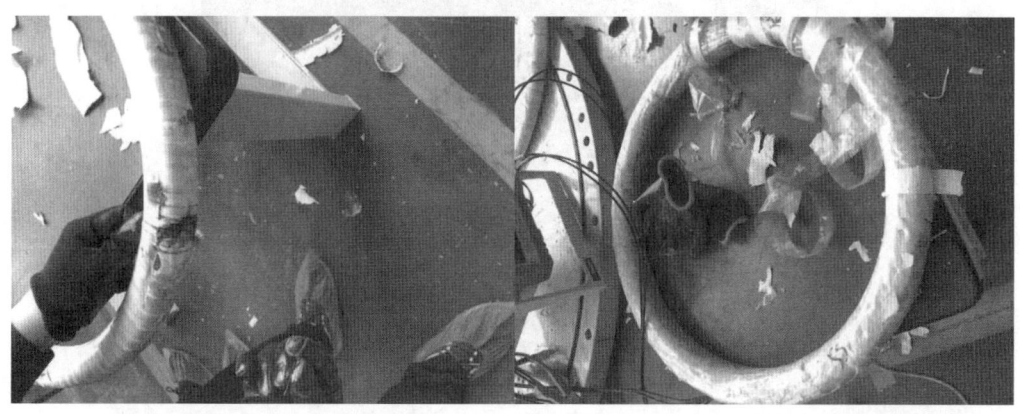

图 2.11.20　电流互感器 3S 绕组　　　图 2.11.21　电流互感器 5S 绕组

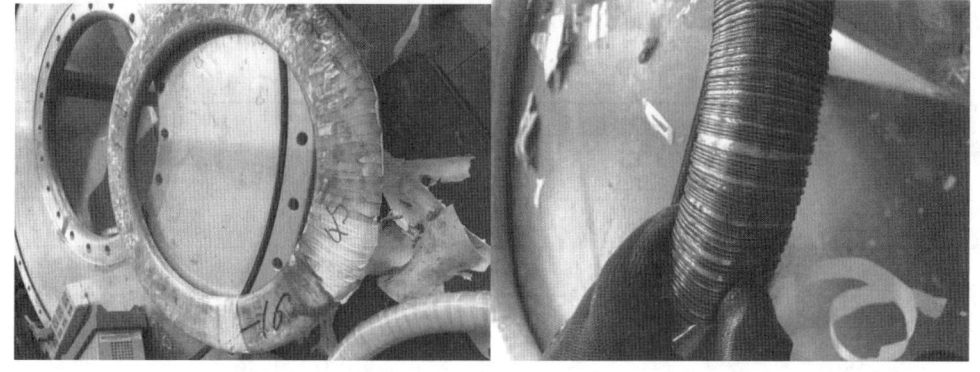

图 2.11.22　电流互感器 4S 绕组　　图 2.11.23　电流互感器 3S 绕组内部线圈

检查最外层 6S、7S 绕组,绕组底部烧蚀严重,如图 2.11.24～图 2.11.26 所示。拆开 6S、7S 绕组外部包扎,发现内部烧蚀程度较外部更轻。检查最内层的 1S、2S 绕组,表面轻微烧蚀,其余未见异常。

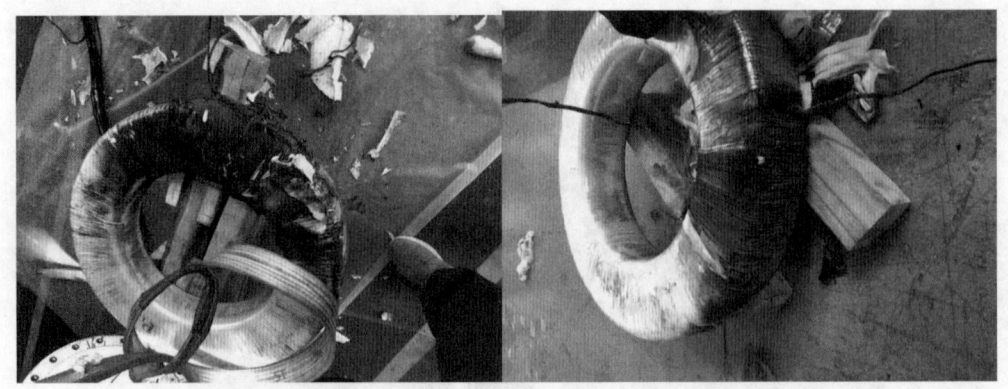

图 2.11.24　电流互感器 6S 绕组　　　图 2.11.25　电流互感器 7S 绕组

图 2.11.26　7S 绕组内部线圈

取出所有二次绕组后,拆除二次电缆部分,直接测试二次绕组直流电阻,结果如表 2.11.5 所示,结果正常,表明所有二次线圈内部未发生断线。

表 2.11.5　各绕组直流电阻

绕组编号	直流电阻
1S	7.9 Ω
2S	7.7 Ω
3S	6 Ω
4S	9.3 Ω
5S	9.0 Ω
6S	8.4 Ω
7S	8.6 Ω

(四)原因分析

1. 故障发展过程

根据保护装置动作及解体检查情况,判断故障发展过程为:2021年3月31日22时22分50秒,5042间隔A相电流互感器一次壳体对二次线圈屏蔽罩发生放电,如图2.11.27所示。短路电流经二次屏蔽罩、屏蔽罩接地线、互感器底座入地。5041、5043断路器重合后,电流互感器主绝缘恢复,未发生击穿。5042断路器重合后,电流互感器流过负荷电流,内部产生轻微晃动,在此过程中,一次壳体再次对二次线圈屏蔽罩放电。屏蔽罩接地线再次流过短路电流后烧断,二次线圈屏蔽罩处于高电位并击穿二次屏蔽罩与二次引线管之间的缓冲绝缘套。短路电流经二次屏蔽罩、缓冲绝缘套、二次引线管、底座入地。在此过程中,部分一次短路电流串入二次回路,导致二次接线盒内出线端子有烧蚀痕迹。由于二次屏蔽罩及二次引线管流过短路电流,导致二次屏蔽罩内的靠近缓冲绝缘套部位的二次线圈及二次引线管内的二次电缆过热烧蚀。

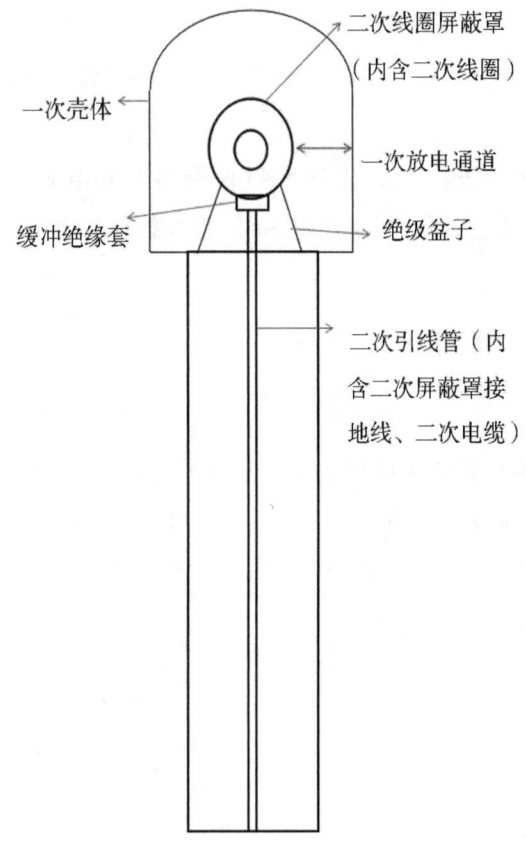

图2.11.27 电流互感器结构示意图

2. 电流互感器放电原因

根据解体检查情况,二次线圈屏蔽罩外壳松动,大部分螺钉松动或脱落,放电点位于螺钉部位。判断外壳对屏蔽罩放电原因为屏蔽罩外壳螺钉在运行过程中松动突起,引起场强畸变,在运行电压下发生一次壳体和突起螺钉间主绝缘击穿放电,短路电流流过屏蔽罩内部,发热膨胀导致屏蔽罩外壳松动。

(五)下一步工作建议

①更换5042间隔3台电流互感器,并返厂解体检查,排查是否存在同类问题。

②对27台同厂同型同批次电流互感器加强巡视及红外带电检测,发现异常及时停电处理。

十二、电流互感器二次线圈屏蔽罩放电

(一)事件基本情况

2019年5月27日,某500 kV变电站500 kV线路保护动作跳5042、5043断路器C相;500 kV Ⅱ母双套母差保护(SGB-750、WMH-800)动作,5013、5023、5033、5043、5053断路器三相跳闸。

运行人员立即对现场进行检查,发现5043断路器C相电流互感器本体接线盒门盖变形,二次接线端子有放电现象,初步判定5043断路器C相电流互感器存在故障,立即进行隔离。

(二)现场检查及试验情况

1. 现场检查情况

现场检查发现:5043断路器C相电流互感器外绝缘无放电痕迹,接线盒门盖已变形,二次接线盒内有明显放电痕迹。电流互感器密度继电器内压力正常,密度表内有少量白色粉末,见图2.12.1、图2.12.2。5043间隔其他相电流互感器、断路器、隔离开关及其他一次设备外观未见异常。

图 2.12.1　电流互感器二次接线盒放电痕迹

图 2.12.2　电流互感器密度继电器外观放电检查

查阅变电站 5043 断路器间隔交接试验报告,2017 年 2 月 21 日对 5043 间隔电流互感器、断路器进行交流耐压试验,施加电压 592 kV,耐压试验通过。耐压试验报告见附件二。

查询故障发生时线路避雷器动作情况,避雷器动作次数分别是 A 相 17 次,B 相 15 次,C 相 15 次。查 5 月 13 日巡视记录,该线路三相避雷器动作次数分别是 A 相 17 次,B 相 15 次,C 相 15 次,故障当天鹰抚 Ⅱ 线避雷器未动作。查询雷电定位系统,故障时刻前 5 分钟内变电站及线路走廊 5 km 半径范围内未查到落雷记录。

未查询到 5043 断路器间隔电流互感器运输时的三位冲撞仪记录。5043 断路器 C 相电流互感器铭牌参数及二次绕组分配情况,见表 2.12.1、表 2.12.2。

表 2.12.1 5043 断路器 C 相电流互感器铭牌参数

型　号	LVQBT-550W3	绝缘水平	550/740/1675 kV
出厂日期	2016 年 6 月	投运日期	2017 年 7 月
出厂序号		T1604152	

表 2.12.2 5043 断路器 C 相电流互感器绕组分配情况表

绕组分配	准确度	变比	回路标号	走向
1S	TPY	3000/1	411、412	线路 NSR-303 保护、故障测距
2S	TPY	3000/1	421、422	线路 PCS-931 保护、故障录波屏
3S	5P35	3000/1	431、432	5043 断路器保护屏、故障录波屏
4S	0.2s	3000/1	441、442、443	线路测控、计量、PMU
5S	0.2	3000/1	451	5043 断路器测控屏
6S	TPY	3000/1	461	Ⅱ母 B 套母差 WMH-800 保护
7S	TPY	3000/1	471	Ⅱ母 A 套母差 SGB-750 保护

该电流互感器为倒立式 SF_6 气体绝缘结构，主要由壳体、法兰、盆式绝缘子、过渡法兰及均压罩、一次导体、二次绕组组件、屏蔽罩、二次引线管、分压屏蔽筒、内屏蔽筒、复合空心绝缘子、底座、防爆装置及密度继电器等几部分组成，如图 2.12.3 所示。

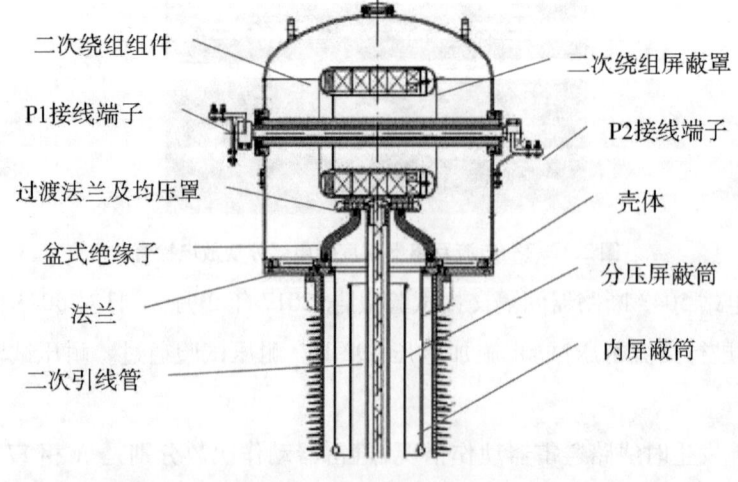

图 2.12.3 电流互感器结构

二次绕组置于二次绕组屏蔽罩内，由 P1 侧至 P2 侧依次排布 1S、2S、3S、6S、7S、4S 和 5S 七个绕组，如图 2.12.4 所示。

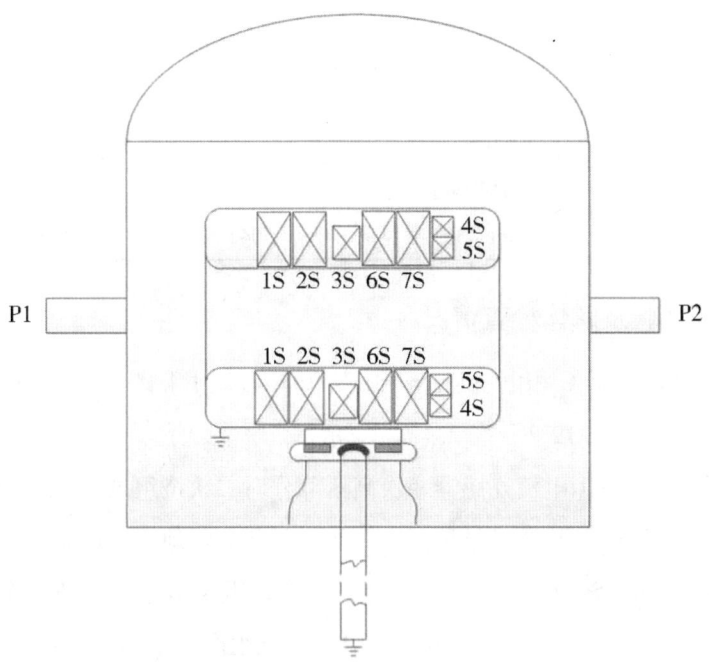

图 2.12.4　电流互感器二次绕组排布

2. 现场试验情况

5 月 27 日上午 9 时,现场对 5043 断路器 C 相电流互感器进行微水及 SF_6 分解物测量,微水含量 279.3 μL/L(标准要求 ≦500 μL/L),未检出分解物;下午 6 时再次检测,SO_2 含量 98.8 μL/L(标准要求 ≦1 μL/L,因仪器原因不能检测 H_2S),微水含量 239.3 μL/L,SO_2 测量数据异常,表明互感器内部发生过电弧放电。

对 5043 断路器 C 相电流互感器二次回路导通及绝缘电阻进行检测,除 2S 和 7S 绕组回路导通外,其余绕组回路均断开,且所有绕组的绝缘电阻均不满足要求。

结合现场检查及试验可以断定:5043 断路器 C 相电流互感器本体已损坏,且二次绕组回路均已破坏,需返厂解体检查,以进一步确定故障原因。

3. 继电保护装置动作情况分析

①保护动作时序(某某变保护启动时间 2019 年 5 月 27 日 3 时 29 分 14 秒 926 毫秒,以 NSR - 303 保护启动时刻为 0 秒)见表 2.12.3。

表 2.12.3　保护动作时序表

相对时间	动作情况
0 ms	保护启动
8 ms	线路保护动作跳 C 相
16 ms	5042、5043 断路器保护 C 相跟跳

续表

相对时间	动作情况
35 ms	SGB-750 和 WMH-800 母线保护动作 5013、5023、5033、5043、5053 断路器三相跳闸
936 ms	SGB-750 母线保护动作
941 ms	PCS-931 和 NSR-303 线路保护动作,5042 断路器 A、B 相跳开

(三)返厂试验及解体检查情况

为查找 5043 断路器 C 相电流互感器损坏的原因,6 月 4 日~5 日,对故障电流互感器进行解体检查,如图 2.12.5~图 2.12.7 所示。

①解体前测试了故障电流互感器一次高压部分对二次绕组及地、二次绕组间绝缘电阻,以及二次绕组导通情况,测试结果显示一次高压部分对地绝缘电阻为 43.7 MΩ,对二次绕组绝缘电阻为 43.5 MΩ,一次高压部分对二次绕组及地绝缘破坏。除 1S 绕组对其他绕组绝缘电阻(53.7 GΩ)正常外,其余六对二次绕组间及绕组对地绝缘、1S 绕组对地绝缘均已破坏。除 7S 绕组导通外,其余绕组回路均已断开,与现场检查时 7S 绕组和 2S 绕组导通结果不一致,推测 2S 绕组二次回路在电流互感器返厂运输过程中完全断开。

②解体前测试故障电流互感器内部微水及气体成分,其中 SO_2 为 143.7 uL/L,H_2S 为 82.8 uL/L,微水含量 40 uL/L,SO_2 和 H_2S 检测不合格。

③打开二次绕组接线盘,电流互感器内吸附剂已经散落,等电位连接线已烧断,二次引下线线头已烧融黏合。密度继电器表计内部覆有白色粉末。

图 2.12.5 散落的吸附剂

图 2.12.6 二次线烧融

图 2.12.7 密度表覆盖白色粉末

④一次导电杆上采用并联连接方式。在一次内导电杆、外导电杆未发现放电烧蚀痕迹。高压屏蔽杆除有放电产生的黑色粉末覆盖外,亦未发现放电痕迹,如图 2.12.8～图 2.12.10 所示。

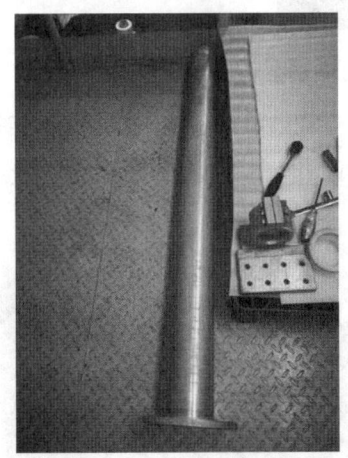

图 2.12.8 外导电杆

图 2.12.9 内导电杆

图 2.12.10 高压屏蔽杆

⑤打开电流互感器高压壳体,发现靠近 P2 侧的二次绕组屏蔽罩封盖已打开,封盖连接螺栓已变形,4S、5S 二次绕组(两个绕组为一体浇注)已从屏蔽罩内脱落,6S 绕组外包绝缘已损坏,如图 2.12.11 所示。

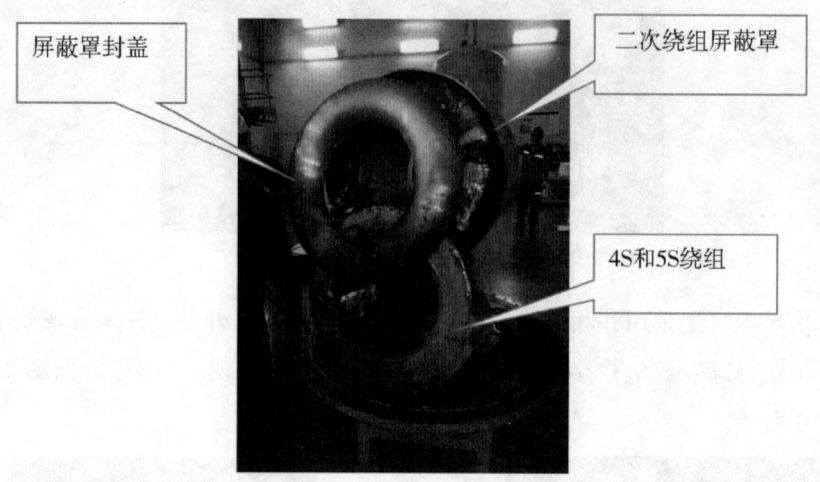

图 2.12.11　脱落的 4S 和 5S 绕组

⑥在二次屏蔽罩及屏蔽罩封盖上各发现一处放电烧蚀痕迹,与二次屏蔽罩连接的过渡法兰及法兰均压环各发现一处放电痕迹。在高压罩上发现三处放电痕迹,二次引线屏蔽管发现一处放电痕迹,如图 2.12.12～图 2.12.18 所示。

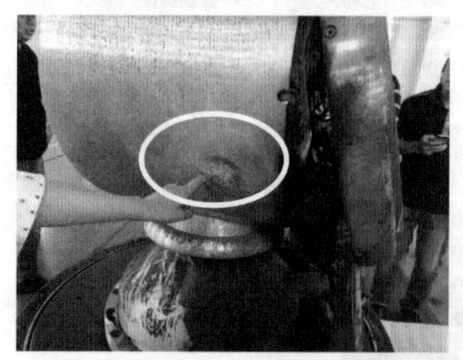 

图 2.12.12　二次屏蔽罩上放电点　　图 2.12.13　二次屏蔽罩封盖上放电点

第二章 电流互感器典型故障案例

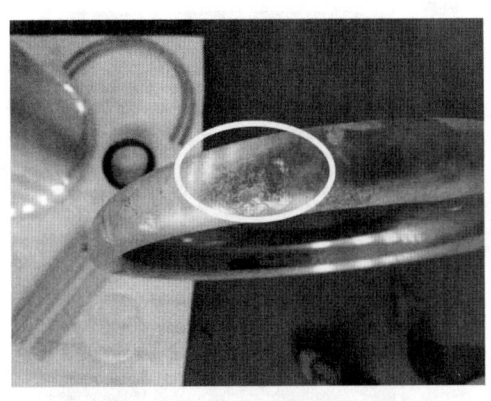

图 2.12.14 过渡法兰均压环放电点

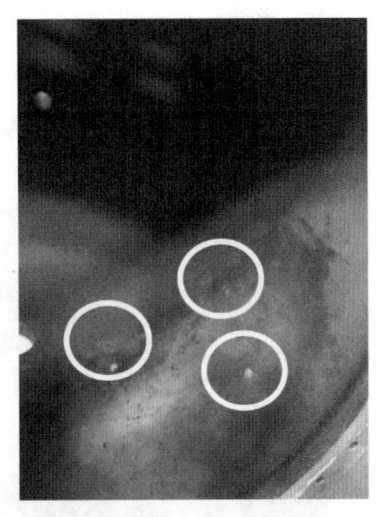

图 2.12.15 壳体三处放电点

图 2.12.16 过渡法兰放电点

图 2.12.17 二次引线管放电

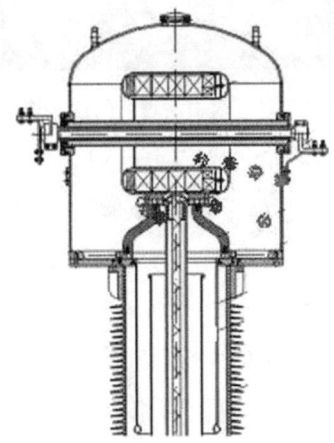

图 2.12.18 放电点分布图(红色高电位、蓝色低电位)

91

⑦盆式绝缘子内外表面有大量黑色碳化物覆盖。清理碳化物后,盆式绝缘子表面光滑,未发现贯穿性放电通道,如图 2.12.19～图 2.12.21 所示。

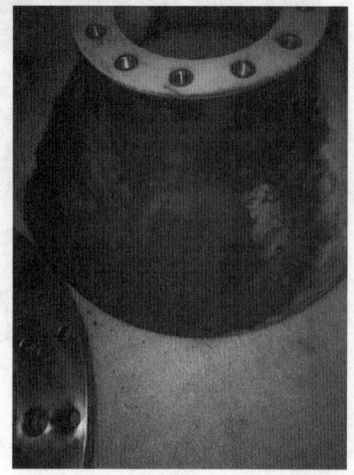 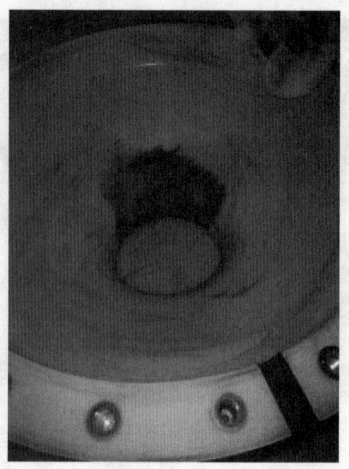

图 2.12.19　盆式绝缘子凸面　　　　图 2.12.20　盆式绝缘子凹面

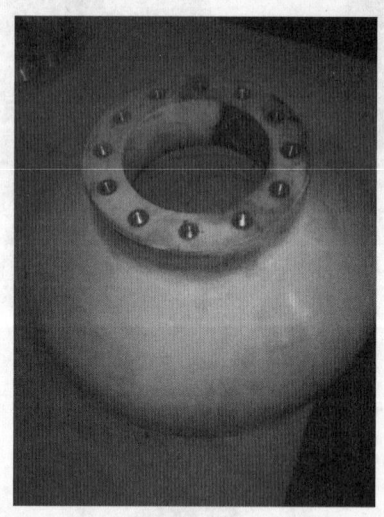

图 2.12.21　表面清理后的盆式绝缘子

据了解,盆式绝缘子为外购件。盆式绝缘子入厂时,仅开展出厂试验报告、外观及尺寸检查,互感器装配好出厂试验进行耐压局放试验时,一并考核盆式绝缘子的性能。

⑧对二次线圈屏蔽罩进行解体,发现 6S 绕组烧损严重且已烧断,如图 2.12.22(由上至下分别为 3S、6S、7S 绕组)。测量 1S、2S、4S、5S、7S 二次线圈直流电阻,其中 1S 绕组直流电阻 7.56 Ω,2S 绕组电阻 7.49 Ω,4S 绕组电阻 15.49 Ω,5S 绕组电阻 15.77 Ω,7S 绕组电阻 7.53 Ω,测试数据均正常,表明这五组二次线圈内部未受损(3S 线圈因解体时折断未测试)。

图 2.12.22 二次绕组引线烧蚀情况

⑨查询电流互感器浇注记录。故障互感器浇注时,故障电流互感器浇注时间在 11:30~14:10 间,1S、2S、3S、6S、7S 绕组先浇注,间隔一段时间后再浇注 4S 和 5S 绕组,存在二次浇注情况,不符合厂家《SF$_6$ 电流互感器整浇屏蔽二次绕组组件装配、浇注作业指导书》中要求:"浇注环氧树脂混合料时,需对所有套入屏蔽筒焊接件内的绕组一次性浇注完成,不允许绕组多次分开浇注"及"控制在 0.5h 内浇注完毕"。

(四)原因分析

1. 保护动作行为分析

①从 CT 解体情况看故障点在 P2 位置,故障点在线路保护的范围内,线路保护动作行为正确。

②查阅线路、母差保护故障录波图及保护动作记录,发现故障时不同二次绕组反映的故障电流不相同,而且结合电流互感器解体后发现,二次绕组屏蔽筒底部以及盆式绝缘子上沿靠近部位的二次绕组引线有烧蚀痕迹。可以判定,故障放电对 6S 和 7S 绕组二次电流回路均造成了不同程度的影响,直接影响了从二次绕组进入母差保护装置的电流,从而产生差流,造成母差保护动作。当某某变重合闸动作时,因 6S 绕组烧断,只有 7S 绕组采集到电流,造成Ⅱ母母差 A 套保护动作而 B 套保护未动作。

2. 互感器损坏过程分析

结合上述解体检查情况,分析互感器放电的发展过程为:

①5043 断路器 C 相电流互感器 4S 和 5S 二次绕组浇注不牢,二次屏蔽罩封盖不严,运行中振动产生粉尘,粉尘通过二次屏蔽罩 P2 侧缝隙扩散至躯壳内,导致躯壳 P2 侧 SF$_6$ 气体绝缘性能下降,使电流互感器 P2 侧躯壳和二次绕组屏蔽筒过渡法兰通过盆式绝缘子表面放电(第一次放电)。

电流互感器 P2 侧躯壳和二次绕组屏蔽筒过渡法兰间击穿后形成的短路电流,瞬间将二次绕组屏蔽罩接地引线烧断,导致二次绕组屏蔽罩处于瞬时高压,对接地的二次引线管拉弧放电,形成短路电流,经电流互感器基座由互感器接地引下线流入地网,另外由于二次绕组引线与存在瞬时高压的二次绕组屏蔽罩距离过近(两者通过橡胶垫定位),部分二次引线靠近二次引线管上沿的绝缘被击穿,使得引线产生瞬时高电位,连接这些引线的端子对二次端子接线盘接地法兰拉弧放电,产生的短路电流使得1S、3S、4S、5S及6S绕组引线烧断,如图2.12.23所示。

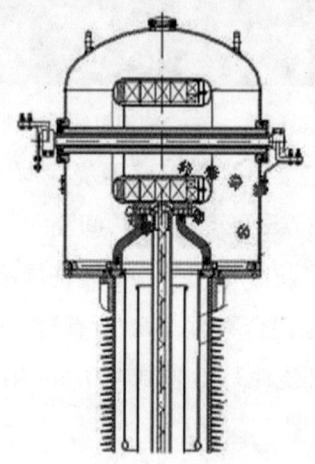

图2.12.23 第一次放电通道示意图

上述放电过程造成5043断路器C相电流互感器接地故障,引起某某变500 kV Ⅱ母母差动作及鹰抚Ⅱ线双侧断路器动作。

②500 kV Ⅱ母母差动作及线路双侧断路器动作后,电流互感器躯壳内SF_6气体绝缘性能劣化,线路重合闸送电使壳体对二次绕组屏蔽罩贯穿性击穿(第二次放电),如图2.12.24所示。

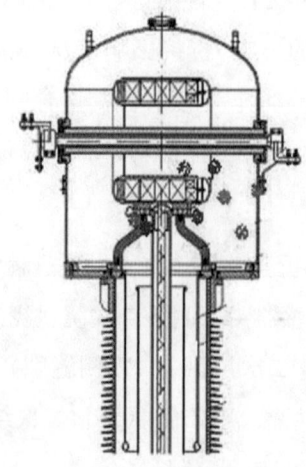

图2.12.24 第二次放电通道示意图

3. 故障分析结论

综合以上分析认为:5043 断路器 C 相电流互感器损坏的原因是二次绕组在浇装过程中存在两次树脂浇注,不符合厂家浇注工艺控制要求,计量和测量绕组浇装不牢,产品运输加剧缺陷绕组松动,运行中计量和测量绕组震动摩擦产生粉尘,导致异常放电,最终导致故障的发生,互感器损坏属于互感器的质量问题。

(五)下一步工作建议

①全面追溯在运 14 台同批次 CT 制造、运输过程记录,完成 SF_6 气体微水和组分分析。

②强化一次设备质量管理的监督、评价与考核。用好供应商评价手段,加大反向追溯力度,督促设备质量问题厂家按期整改。

③加大关键主设备驻厂监造、监试力度,强化过程管控,关键工序保留音频视频等痕迹资料;严格到货验收管理,核查、存档三维冲撞记录仪等记录,不符合要求的不得入网运行。

第三章 电流互感器技术标准执行指导意见

一、范围

本指导意见包含了电流互感器设备的性能参数、技术要求、试验项目及方法、运维检修、技术监督等相关技术标准,明确了电流互感器设备的主标准、从标准、支撑标准,提出了部分条款的执行建议。适用于国家电网有限公司系统 10 kV~1000 kV 交流电流互感器设备的运维、检修、试验和技术监督等工作。

二、标准体系概况

本指导意见针对电流互感器相关国家标准、行业标准、企业标准进行梳理,共涉及各类标准 39 项,其中主标准 6 项,从标准 27 项,支撑标准 6 项。

(一)主标准

本指导意见中主标准是指电流互感器的基础性技术标准。一般包括设备使用条件、额定参数、设计与结构、型式试验/出厂试验项目及要求等内容。电流互感器主标准共 6 项,详见表 3.2.1。

表 3.2.1 电流互感器设备主标准清单

序号	标准号	标准名称
1	GB/T 20840.1-2010	互感器 第 1 部分:通用技术要求
2	GB/T 20840.2-2014	互感器第 2 部分:电流互感器的补充技术要求
3	DL/T 725-2013	电力用电流互感器使用技术规范
4	GB/T 31238-2014	1000 kV 交流电流互感器技术规范
5	GB/T 20840.8-2007	互感器第 8 部分:电子式电流互感器
6	DL/T 1789-2017	光纤电流互感器技术规范

(二) 从标准

本指导意见中从标准是指电流互感器开展运维检修、现场试验、技术监督等工作应执行的技术标准，包括以下类别：部件元件类、原材料类、运维检修类、现场试验类、技术监督类。电流互感器从标准共27项，详见表3.2.2。

表3.2.2 电流互感器设备从标准清单

标准分类	序号	标准号	标准名称
部件元件类	1	JB/T 7068—2015	互感器用金属膨胀器
	2	GB/T 21429—2008	户外和户内电气设备用空心复合绝缘子定义、试验方法、接收准则和设计推荐
	3	GB/T 23752—2009	额定电压高于1000 V的电器设备用承压和非承压空心瓷和玻璃绝缘子
	4	JB/T 10549—2006	气体密度继电器和密度表 通用技术条件
	5	DL/T 1530—2016	高压绝缘光纤柱
原材料类	1	DL/T 1366—2014	电力设备用六氟化硫气体
	2	GB/T 15022.1—2009	电气绝缘用树脂基活性复合物 第1部分：定义及一般要求
	3	GB 2536—2011	电工流体 变压器和开关用的未使用过的矿物绝缘油
运维检修类	1	DL/T 727—2013	互感器运行检修导则
	2	Q/GDW 11510—2015	电子式互感器运维导则
	3	DL/T 1690—2017	电流互感器状态评价导则
	4	DL/T 1691—2017	电流互感器状态检修导则
	5	Q/GDW 11248—2014	电流互感器检修决策导则
现场试验类	1	Q/GDW 11447—2015	10 kV—500 kV输变电设备交接试验规程
	2	GB 50150—2016	电气装置安装工程电气设备交接试验标准
	3	GB/T 50832—2013	1000 kV系统电气装置安装工程电气设备交接试验标准
	4	Q/GDW 1168—2013	输变电设备状态检修试验规程
	5	GB/T 24846—2018	1000 kV交流电气设备预防性试验规程
	6	JJG 1021—2007	电力互感器检定规程
	7	DL/T 313—2010	1000 kV电力互感器现场检验规范
	8	Q/GDW 690—2011	电子式互感器现场校验规范

续表

标准分类	序号	标准号	标准名称
现场试验类	9	DL/T 664—2016	带电设备红外诊断应用规范
	10	Q/GDW 11003—2019	高压电气设备紫外检测技术导则
	11	GB 50148—2010	电气装置安装工程电力变压器、油浸式电抗器、互感器施工及验收规范
	12	DL/T 1544—2016	电子式互感器现场交接验收规范
技术监督类	1	Q/GDW 11075—2013	电流互感器技术监督导则
	2	Q/GDW 11717—2017	电网设备金属技术监督导则

(三) 支撑标准

本指导意见中支撑标准是指支撑电流互感器主、从标准中相关条款执行指导意见的技术标准。电流互感器支撑标准共6项,其中主标准的支撑标准4项、从标准的支撑标准2项。详见表3.2.3。

表3.2.3 电流互感器设备支撑标准清单

序号	标准号	标准名称	标准分类
1	JB/T 10941—2010	合成薄膜绝缘电流互感器	主标准支撑
2	DL/T 866—2015	电流互感器和电压互感器选择及计算规程	主标准支撑
3	Q/GDW 107—2003	750 kV 系统用电流互感器技术规范	主标准支撑
4	GB/T 22071.1—2018	互感器试验导则第1部分:电流互感器	主标准支撑
5	DL/T 506—2018	六氟化硫电气设备中绝缘气体湿度检测测量方法	现场试验
6	DL/T 722—2014	变压器油中溶解气体分析和判断导则	现场试验

三、标准执行说明

(一) 主标准

1. GB/T 20840.1—2010《互感器 第1部分:通用技术要求》

本部分适用于供电气测量仪表或电气保护装置使用、额定频率为 15~100 Hz、新制造的模拟量或数字量输出的互感器。

指导意见:额定电压 10 kV~750 kV 交流电流互感器的使用条件、额定值、设计和结构、试验应执行本标准。本部分仅包含通用技术要求。对于每一类互感器,其产品标准由本部分和有关的专用技术要求部分组成。电流互感器的选择及计算应执行 DL/T 866—

2015《电流互感器和电压互感器选择及计算规程》。

标准条款执行指导意见：

①GB/T 20840.1-2010《互感器 第1部分：通用技术要求》表4规定：额定雷电冲击耐受电压（峰值）550 kV对应的截断雷电冲击耐受电压（峰值）为530 kV。

建议执行：执行主标准 DL/T 725-2013《电力用电流互感器使用技术规范》表3：额定雷电冲击耐受电压（峰值）550 kV对应的截断雷电冲击耐受电压（峰值）为633 kV。

原因分析：DL/T 725-2013《电力用电流互感器使用技术规范》及电流互感器物资采购规范均要求额定雷电冲击耐受电压（峰值）550 kV对应的截断雷电冲击耐受电压（峰值）为633 kV，建议从严执行。

②GB/T 20840.1-2010《互感器 第1部分：通用技术要求》表8要求 $U_m \geq 550$ kV 的互感器的电流端子应能承受的静态Ⅱ类载荷为5000 N。

建议执行：DL/T 725-2013 执行主标准《电力用电流互感器使用技术规范》中表12：$U_m \geq 550$ kV 的互感器的电流端子应能承受的静态Ⅱ类载荷为6000 N。

原因分析：DL/T 725-2013《电力用电流互感器使用技术规范》及电流互感器物资采购规范均要求 $U_m \geq 550$ kV 的互感器的电流端子应能承受的静态Ⅱ类载荷为6000N，建议从严执行。

③GB/T 20840.1-2010《互感器 第1部分：通用技术要求》5.3.3.1条规定：局部放电水平不应超过表3.3.3规定的限值。

表3.3.3　GB/T 20840.1-2010 局部放电水平限值

系统中性点接地方式	互感器类型	局放测量电压（方均根值）kV	局部放电最大允许水平 绝缘类型	
			液体浸渍或气体	固体
中性点有效接地系统（接地故障因数≤1.4）	电流互感器和接地电压互感器	U_m	10	50
		$1.2U_m/\sqrt{3}$	5	20
	不接地电压互感器	$1.2U_m/\sqrt{3}$	5	20
中性点绝缘或非有效接地系统（接地故障因数>1.4）	电流互感器和接地电压互感器	$1.2U_m$	10	50
		$1.2U_m/\sqrt{3}$	5	20
	不接地电压互感器	$1.2U_m$	5	20

建议执行：对于合成薄膜绝缘电流互感器，执行支撑标准 JB/T 10941-2010《合成薄膜绝缘电流互感器》第6.1.2.2条：局部放电水平不应超过表3.3.4规定的限值。

表 3.3.4　JB/T 10941-2010 局部放电水平限值

系统接地方式	局部放电测量电压 （方均根值）kV	局部放电允许水平 pC
中性点接地系统（接地故障因数 ≤1.4）	U_m	30
	$1.2U_m/\sqrt{3}$	10
中性点绝缘或非有效接地系统（接地故障因数 >1.4）	$1.2U_m$	30
	$1.2U_m/\sqrt{3}$	10

原因分析：对于合成薄膜绝缘电流互感器，其局放要求与绝缘油、气体及固体绝缘均不同。

2. GB/T 20840.2-2014《互感器 第 2 部分：电流互感器的补充技术要求》

本部分适用于供电气测量仪表或/和电气保护装置使用、额定频率为 15～100 Hz、新制造的电磁式电流互感器。

指导意见：额定电压 10 kV～750 kV 交流电磁式电流互感器使用条件、额定值、设计和结构、试验应执行本标准。本部分需与 GB/T 20840.1-2010《互感器 第 1 部分：通用技术要求》配套使用。电流互感器的试验顺序、试验条件、试验要求应执行支撑标准 GB/T 22071.1-2018《互感器试验导则 第 1 部分：电流互感器》。

标准条款执行指导意见：

（1）《互感器 第 2 部分：电流互感器的补充技术要求》（GB/T 20840.2-2014）5.202 条规定：对于暂态特性保护用电流互感器，额定二次电流标准值为 1 A。

建议执行：执行支撑标准《电流互感器和电压互感器选择及计算规程》（DL/T 866-2015）第 3.3.1 条：电流互感器额定二次电流宜采用 1A，如有利于互感器制作或扩建工程，以及某些情况下为降低电流互感器二次开路电压，额定二次电流也可采用 5A。

原因分析：对于额定一次电流较大（超过 10000 A）的暂态特性保护用电流互感器，额定二次电流选择 1 A 会使电流互感器制作难度变大，此时额定二次电流可以选择 5 A。

3. DL/T 725-2013《电力用电流互感器使用技术规范》

本标准适用于 0.38 kV～750 kV 电压等级、频率 50 Hz 供电气测量仪表或继电保护装置使用的电流互感器、变压器套管电流互感器、GIS 用电流互感器和罐式断路器用电流互感器的选型、订货、验收和维护。

指导意见：额定电压 10 kV～750 kV 交流电磁式电流互感器的基本分类、使用期限等要求应执行本标准。

标准条款执行指导意见：

①《电力用电流互感器使用技术规范》(DL/T 725-2013)第6.10b)条规定：SF_6气体微量水含量在20 ℃下应不超过$250×10^{-6}$ μL/L。《互感器 第1部分：通用技术要求》(GB/T 20840.1-2010)第6.2.2条规定：对于额定充气密度达到要求的气体绝缘互感器，其内部最大允许含水量对应于20 ℃测量的露点不高于-30 ℃。《750 kV系统用电流互感器技术规范》(Q/GDW 107-2003)第6.12.1条规定：SF_6气体含水量不大于150 μL/L。

建议执行：750 kV以下电压等级执行主标准《电力用电流互感器使用技术规范》(DL/T 725-2013)，要求SF_6气体微量水含量在20 ℃下应不超过250 μL/L。750 kV电压等级执行支撑标准《750 kV系统用电流互感器技术规范》(Q/GDW 107-2003)，要求SF_6气体含水量不大于150 μL/L。

原因分析：SF_6气体含水量实际运用中习惯采用体积比的表示方式，因此SF_6含水量执行DL/T 725-2013。DL/T 725-2013标准中要求"SF_6气体微量水含量在20 ℃下应不超过$250×10^{-6}$ μL/L"应为笔误，实际应为"250 μL/L"。针对750 kV电压等级电流互感器，Q/GDW 107-2003要求SF_6气体含水量不大于150 μL/L，建议从严执行。因此要求750 kV电压等级电流互感器SF_6气体含水量在20 ℃下不超过150 μL/L，750 kV以下电压等级要求SF_6气体微量水含量在20 ℃下应不超过250 μL/L。

②《电力用电流互感器使用技术规范》(DL/T 725-2013)中第8项试验规定：除了项目h)误差测定是在项目a)~g)后进行外，其余试验项目的前后顺序或可能的组合均不作规定。

建议执行：执行支撑标准《互感器试验导则第1部分：电流互感器》(GB/T 22071.1-2018)第3.2条。

原因分析：《互感器试验导则第1部分：电流互感器》(GB/T 22071.1-2018)第3.2条明确了试验顺序，更有利于现场执行。

4. GB/T 31238-2014《1000 kV交流电流互感器技术规范》

本标准适用于装设于1000 kV GIS和套管中，供电气测量仪表和继电保护装置用的电流互感器。

指导意见：额定电压1000 kV GIS和套管用交流电磁式电流互感器的术语和定义、使用条件、额定值、技术性能要求、结构要求和试验要求执行本标准。

5. GB/T 20840.8-2007《互感器第8部分：电子式电流互感器》

本部分适用于新制造的电子式电流互感器，它具有模拟电压输出或数字量输出、供频率为15~100 Hz的电气测量仪表或继电保护装置使用。

指导意见:额定电压 10 kV~1000 kV 交流电子式电流互感器的术语和定义、使用条件、额定值、设计要求、试验、标志、测量用电子式电流互感器的补充要求、保护用电子式电流互感器的补充要求应执行本标准。

6. DL/T 1789-2017《光纤电流互感器技术规范》

本标准适用于交直流电力系统计量、测控和保护用的数字量输出型光纤电流互感器的生产、使用和校验。

指导意见:额定电压 10 kV~1000 kV 交流光纤式电流互感器的型号命名、技术要求、校验规则应执行本标准。

(二)从标准

1. 部件元件类

(1) JB/T 7068-2015《互感器用金属膨胀器》

本标准主要适用于各种油浸式互感器上安装的金属膨胀器,也适用于其他油浸式电器设备上安装的金属膨胀器。

指导意见:额定电压 10 kV~750 kV 交流电流互感器用金属膨胀器的术语和定义、结构型式、产品规格及产品型号、使用条件、技术要求、试验项目和试验方法、标志、包装、运输、贮存及产品文件等方面的要求应执行本标准。

(2) GB/T 23752-2009《额定电压高于 1000 V 的电器设备用承压和非承压空心瓷和玻璃绝缘子》

本标准适用于电器设备中普通用途的空心瓷和玻璃绝缘子、开关及控制设备中长期承受气体压力的空心瓷绝缘子。这些绝缘子用于交流额定电压不低于 1000 V、频率不大于 100 Hz 或直流额定电压不低于 1500 V 的户内外电器设备。空心绝缘子适用的电器设备举例如下:断路器、隔离开关、负荷开关、接地开关、互感器、避雷器、套管、电缆终端、电容器。

指导意见:额定电压 10 kV~750 kV 交流电流互感器用承压和非承压空心瓷和玻璃绝缘子的术语和定义、绝缘材料、一般设计推荐、试验分类、抽样规则和程序、一般试验程序和要求、型式试验、抽样试验、逐个试验、文件编制等方面的要求应执行本标准。

(3) GB/T 21429-2008《户外和户内电气设备用空心复合绝缘子定义、试验方法、接收准则和设计推荐》

本标准适用于由树脂浸渍纤维制作的承受负荷的绝缘管、弹性材料(例如硅橡胶或乙丙橡胶)制作的伞套(绝缘管外部的)以及绝缘管两端部的金属附件构成的空心复合绝缘子(以下简称"绝缘子")。本标准中所定义的绝缘子用于内部受压或不受压两种情况。它们用于额定电压高于 1000 V、频率不高于 100 Hz 的交流电压下运行的户外或户内电气设备或额定电压高于 1500 V 的直流设备。绝缘子一般使用在以下电气设备中(但不局限于):断路器、负荷开关、隔离开关、接地开关、互感器和电力变压器、套管。

指导意见:额定电压 10 kV～750 kV 交流电流互感器用空心复合绝缘子的术语和定义、各机械负荷间的关系、标志、试验的分类、设计试验、型式试验(仅机械试验)、抽样试验、逐个试验、文件等方面的要求应执行本标准。

(4) JB/T 10549—2006《SF_6 气体密度继电器和密度表 通用技术条件》

本标准适用于 SF_6 气体密度继电器和密度表(以下简称"产品"),适用于产品装配的实际位置的温度与被测量 SF_6 气体的实际温度一致的情况,作为设计、制造、检验、使用该产品的依据。对于被测量的 SF_6 气体有温升(例如:运行中的 SF_6 断路器、GIS、电流互感器、电压互感器等高电压电气设备)的情况,测量数据仅作参考。

指导意见:额定电压 10 kV～1000 kV 气体绝缘交流电流互感器 SF_6 气体密度继电器和密度表的术语和定义、产品的型号命名及含义、额定参数、产品技术要求、检验方法、检验规则、标志、标签、使用说明书、包装、运输、供货的成套性、质量保证等方面的要求应执行本标准。

(5) DL/T 1530—2016《高压绝缘光纤柱》

本标准适用于交流系统用变电站和串补站用光纤柱,以及换流站交流侧用光纤柱。

指导意见:额定电压 10 kV～750 kV 交流电子式电流互感器用的高压绝缘光纤柱的使用条件、技术要求、试验方法、检验规则及标志等方面的要求应执行本标准。

2. 原材料类

(1) GB 2536—2011《电工流体 变压器和开关用的未使用过的矿物绝缘油》

本标准适用于变压器、开关及需要用油作绝缘和传热介质的类似电气设备所使用的、由石油馏分为原料,经精制后得到的未使用过的含和不含添加剂的矿物绝缘油。

指导意见:额定电压 10 kV～750 kV 交流电流互感器用的未使用过的矿物绝缘油的术语和定义、分类和标记、要求和试验方法、检验规则及标志、包装、运输和贮存等方面的要求应执行本标准。

(2) GB/T 15022.1—2011《电气绝缘用树脂基活性复合物 第 1 部分:定义及一般要求》

本部分适用于电气绝缘用树脂基活性复合物及其组分。

指导意见:额定电压 10 kV～35 kV 交流电流互感器用的电气绝缘用树脂基活性复合物及其组分的命名、定义、分类及一般要求等方面的要求应执行本标准。

(3) DL/T 1366—2014《电力设备用六氟化硫气体》

本标准适用于电力设备用新六氟化硫气体。

指导意见：额定电压 110 kV～1000 kV 交流电流互感器用的新六氟化硫气体的技术要求、试验方法、检验规则、标志、标签、包装、运输和贮存等方面的要求应执行本标准。

3. 运维检修类

（1）DL/T 727-2013《互感器运行检修导则》

本标准适用于交流 0.38 kV～750 kV 电压等级电力系统中，供电气测量、电能计量、继电保护、自动装置等及兼作载波通信用的互感器，包括油浸绝缘、SF_6 气体绝缘、合成薄膜绝缘及树脂浇注的电流互感器、电磁式电压互感器及电容式电压互感器。引进国外的互感器的运行、维护应以订货合同的技术条款和制造厂规定为基础，参照本标准要求执行。

指导意见：额定电压 10 kV～750 kV 交流电磁式电流互感器的运行基本要求、运行检查与操作等方面的要求应执行本标准。

（2）Q/GDW 11510-2015《电子式互感器运维导则》

本标准适用于 35 kV 及以上电压等级电子式互感器。

指导意见：额定电压 35 kV～1000 kV 交流电子式电流互感器的巡视检查、倒闸操作、运行维护、设备验收、故障及异常处理等运维管理方面的要求应执行本标准。

（3）DL/T 1690-2017《电流互感器状态评价导则》

本标准适用于 110（66）kV～500 kV 独立安装的交流电流互感器状态评价工作。

指导意见：额定电压 110（66）kV～500 kV 独立安装的交流电流互感器状态信息分类、状态评价分类、状态评价基本要求、状态量的量化标准、整体的评价应执行本标准。

（4）DL/T 1691-2017《电流互感器状态检修导则》

本标准适用于 110（66）kV～500 kV 独立安装的交流电流互感器状态检修工作。

指导意见：额定电压 110（66）kV～500 kV 独立安装的交流电流互感器状态检修实施原则、检修分类、设备状态检修策略应执行本标准。

（5）Q/GDW 11248-2014《电流互感器检修决策导则》

本标准适用于 35 kV～750 kV 交流电流互感器检修决策工作。

指导意见：额定电压 35 kV～750 kV 交流电流互感器检修决策基本原则、检修分类、检修策略、整体和各部件状态量检修决策应执行本标准。

4. 现场试验类

（1）Q/GDW 11447-2015《10 kV-500 kV 输变电设备交接试验规程》

本标准适用于 10 kV～500 kV 新安装的、按照国家相关出厂试验标准试验合格的电气设备交接试验。

指导意见:额定电压 10 kV～500 kV 交流电流互感器交接试验项目及要求应执行本标准。

标准条款执行指导意见:

①Q/GDW 11447-2015《10 kV-500 kV 输变电设备交接试验规程》表 5 序号 4、表 6 序号 3、表 7 序号 4 中局部放电的测量电压为 $1.2U_m/\sqrt{3}$。

建议执行:执行从标准 GB 50150-2016《电气装置安装工程电气设备交接试验标准》表 10.0.5 中电流互感器局放测量电压为 $1.2U_m/\sqrt{3}$ 和 U_m。

原因分析:GB 50150-2016《电气装置安装工程电气设备交接试验标准》及 GB/T 20840.1-2010《互感器 第 1 部分:通用技术要求》中针对电流互感器的局部放电测量,均规定了 2 个局部放电测量电压,并相应给出了不同电压下局部放电最大允许水平。且 U_m 相对 $1.2U_m/\sqrt{3}$ 电压更高,在 U_m 电压下测量局放,容易反映出设备存在的绝缘隐患。

②Q/GDW 11447-2015《10 kV-500 kV 输变电设备交接试验规程》表 6 序号 9 规定:年泄漏率小于 0.5%;标准 GB 50150-2016《电气装置安装工程电气设备交接试验标准》第 10.0.14 条规定:SF$_6$ 气体绝缘互感器定性检漏应无泄漏点,怀疑有泄漏点时应进行定量检漏,年泄漏率应小于 1%。

建议执行:对新投运设备,建议执行 Q/GDW 11447-2015《10 kV-500 kV 输变电设备交接试验规程》;对应在运设备,建议执行从标准 GB 50150-2016《电气装置安装工程电气设备交接试验标准》。

原因分析:对新投运设备应从严执行标准要求;针对已运行经过首检的电流互感器,最新版十八项反措要求电流互感器 SF$_6$ 气体年泄漏率≤1%,SF$_6$ 气体年泄漏率≤1%更符合实际。

(2) GB 50150-2016《电气装置安装工程电气设备交接试验标准》

本标准适用于 750 kV 及以下交流电压等级新安装的、按照国家相关出厂试验标准试验合格的电气设备交接试验。

指导意见:额定电压 750 kV 交流电流互感器交接试验项目及要求应执行本标准。

标准条款执行指导意见:

①GB 50150-2016《电气装置安装工程电气设备交接试验标准》第 10.0.3 条规定:应测量一次绕组对二次绕组及外壳、各二次绕组间及其对外壳的绝缘电阻;绝缘电阻值不宜低于 1000 MΩ。

建议执行:执行从标准 Q/GDW 11447-2015《10 kV-500 kV 输变电设备交接试验规程》表 5 中序号 1"油浸式电磁式电流互感器试验项目和标准要求",一次绕组的绝缘电阻应大于 3000MΩ,二次绕组对地及绕阻之间不低于 1000 MΩ。

原因分析:按照 Q/GDW 11447 - 2015《10 kV - 500 kV 输变电设备交接试验规程》要求从严执行。

② GB 50150 - 2016《电气装置安装工程电气设备交接试验标准》第 10.0.7.3 条规定:电压等级在 66 kV 以上的油浸式互感器,对绝缘性能有怀疑时,应进行油中溶解气体的色谱分析。Q/GDW 11447 - 2015《10 kV - 500 kV 输变电设备交接试验规程》表 5 中序号 9 规定:对 110(66) kV 及以上电压等级的油浸式电流互感器,交流耐压试验前后应进行油中溶解气体分析。

建议执行:执行 Q/GDW 11447 - 2015《10 kV - 500 kV 输变电设备交接试验规程》。

原因分析:耐压前后进行油中溶解气体分析可以判断电流互感器在耐压过程中是否发生局部放电。

(3) GB/T 50832 - 2013《1000 kV 系统电气装置安装工程电气设备交接试验标准》

本标准适用于 1000 kV 电压等级交流电气装置工程电气设备交接试验。

指导意见:额定电压 1000 kV 套管式交流电流互感器交接试验项目及要求应执行本标准。

(4) Q/GDW 1168 - 2013《输变电设备状态检修试验规程》

本标准适用于国家电网公司电压等级为 750 kV 及以下交直流输变电设备状态检修试验工作。

指导意见:额定电压 10 kV ~ 750 kV 交流电流互感器投运后设备巡检、检查和试验的项目、周期和技术要求应执行本标准。

(5) GB/T 24846 - 2018《1000 kV 交流电气设备预防性试验规程》

本标准适用于 1000 kV 交流电气设备预防性试验工作。

指导意见:额定电压 1000 kV 交流电流互感器预防性试验项目、周期、方法和判断标准应执行本标准。

(6) JJG 1021 - 2007《电力互感器检定规程》

本标准适用于安装在 6 kV 及以上电力系统中用于电流、电压互感器以及组合互感器的首次检定、后续检定和使用中的校验。

指导意见:额定电压 10 kV ~ 750 kV 交流电磁式电流互感器计量性能要求、通用技术要求、计量器具控制应执行本标准。

(7) DL/T 313 - 2010《1000 kV 电力互感器现场检验规范》

本标准适用于 1000 kV 电力互感器准确度的现场校验。

指导意见:额定电压 1000 kV 交流电磁式电流互感器准确度等级及误差限值、准确度校验应执行本标准。

(8) Q/GDW 690—2011《电子式互感器现场校验规范》

本标准适用于安装在 6 kV 及以上电力系统中电子式电压、电流互感器的新制造、使用中和修理后的现场校验。

指导意见：额定电压 10 kV～1000 kV 交流电子式电流互感器的误差限值要求、校验设备和条件、校验项目和校验方法、校验周期、校验结果的处理应执行本标准。

(9) DL/T 664—2016《带电设备红外诊断应用规范》

本标准适用于采用红外热像仪对具有电流、电压致热效应或其他致热效应引起表面温度分布特点的各种电气设备，及以 SF_6 气体为绝缘介质的电气设备泄漏进行的诊断。

指导意见：额定电压 10 kV～1000 kV 交流电流互感器的现场检测要求、现场操作方法、仪器管理和校验、红外检测周期、判断方法、诊断依据和缺陷类型的确定及处理方法应执行本标准。

标准条款执行指导意见：

DL/T 664—2016《带电设备红外诊断应用规范》第 7.2 条款中规定：1000 kV 变电站每年不宜少于 3 次检测，330 kV～750 kV 变电站每年不宜少于 2 次检测，220 kV 及以下变电站每年不宜少于 1 次检测。

建议执行：执行从标准 Q/GDW 1168—2013《输变电设备状态检修试验规程》中的表 11：电流互感器红外检测周期，330 kV 及以上为 1 个月，220 kV 为 3 个月，110 kV 为半年，35 kV 及以下为 1 年。

原因分析：Q/GDW 1168—2013《输变电设备状态检修试验规程》及《国家电网公司变电检测管理规定》均要求电流互感器的红外检测周期为 330 kV 及以上为 1 个月，220 kV 为 3 个月，110 kV 为半年，35 kV 及以下为 1 年，建议从严执行。

(10) Q/GDW 11003—2019《高压电气设备紫外检测技术导则》

本标准适用于高压电气设备现场紫外成像检测。

指导意见：额定电压 10 kV～1000 kV 交流电流互感器紫外检测原理、仪器要求、检测要求、检测方法应执行本标准。

(11) GB 50148—2010《电气装置安装工程电力变压器、油浸式电抗器、互感器施工及验收规范》

本标准适用于交流 3 kV～750 kV 电压等级电力变压器、油浸电抗器、电压互感器及电流互感器施工及验收。

指导意见：额定电压 10 kV～750 kV 交流电磁式电流互感器器身检查、工程交接验收应执行本标准。

（12）DL/T 1544-2016《电子式互感器现场交接验收规范》

本标准适用于交流 1000 kV 及以下电压等级的变电站及发电厂中新安装、改装的电子式互感器现场交接验收工作。

指导意见：额定电压 10 kV~1000 kV 交流电子式电流互感器资料验收、设备验收以及现场交接验收评价应执行本标准。

5. 技术监督类

（1）Q/GDW 11075-2013《电流互感器技术监督导则》

本标准适用于国家电网公司系统电流互感器的技术监督工作。

指导意见：额定电压 10 kV~1000 kV 交流电流互感器全过程技术监督内容、技术监督预警与告警、技术档案、技术监督保障体系应执行本标准。

（2）Q/GDW 11717-2017《电网设备金属技术监督导则》

本标准适用于 10 kV 及以上电网设备部件的金属技术监督。

指导意见：额定电压 10 kV 级以上电流互感器的绝缘外套、设备底座、绝缘支撑件、接线端子等部位的金属监督的内容和要求应执行本标准。

第四章 SF$_6$气体绝缘电流互感器运维检修指导意见

一、强化气体绝缘 CT 运维管理

(一) 运维巡视

①明确巡视周期及项目。运维单位应严格按照《国家电网变电运维管理规定》(试行)[国网(运检/3)828-2017]相关条款要求,定期开展气体绝缘 CT 巡视工作,及时发现异常运行状态。

②强化重点检查项目。运维人员巡视过程中应重点检查气体绝缘 CT 各连接引线及接头有无发热、变色迹象,引线有无断股、散股;外绝缘表面是否完整,有无裂纹、放电及老化痕迹;本体有无异常振动、异常声响及异味;底座、二次线圈屏蔽罩引出端子、二次绕组接地是否良好;二次接线盒关闭是否紧密,电缆进出口密封是否良好;核查并记录 SF$_6$ 气体压力值,检查压力表指示是否在规定范围,有无漏气现象,密度继电器是否正常,防爆膜有无破裂。

(二) 消缺管理

强化缺陷应急处置。运维人员巡视过程中发现气体绝缘 CT 外绝缘严重裂破损、放电,本体异响、异味、冒烟或着火,气体压力低于报警值,本体或引线接头严重过热,防爆膜破裂,二次线圈屏蔽罩引出端子或二次回路开路等情况时,应立即申请将气体绝缘 CT 退出运行,防止缺陷发展导致设备跳闸。

二、规范典型缺陷处理

①气体绝缘CT气体压力低。运维人员巡视过程中若发现气体绝缘CT气体压力低,应首先确认检查表计压力是否降低至报警值,若为误报警,应查找原因,必要时联系检修人员处理。若轻微漏气可开展带电补气工作。对于长期微渗的气体绝缘电流互感器,应开展SF_6气体微水检测及带电检漏,年漏气率大于1%时应及时处理。运行中的气体绝缘电流互感器气体压力下降到0.2MPa以下,检修后应进行老练及交流耐压试验。

②气体绝缘CT异响。运维人员巡视过程中若发现气体绝缘CT异响,应首先对气体绝缘电流互感器进行外观检查,初步判断异响原因。气体绝缘电流互感器异响的原因包括外绝缘放电、二次回路开路、二次线圈屏蔽罩引出端子未可靠接地、一次端子等电位线未可靠连接等情况。若检查确认异响原因,应及时进行处理。若检查不能确定异响原因,应立即申请停电并开展诊断性试验,查找异响原因并处理。

③气体绝缘CT发热。运维人员巡视过程中若发现气体绝缘CT发热,应参照DL/T 664-2016《带电设备红外诊断应用规范》的判断方法,根据热点温度、相对温差、图谱特征、负荷电流等因素,分析发热原因。本体热点温度超过55℃,引线接头温度超过90℃,应加强监视,按缺陷处理流程上报。本体热点温度超过80℃,引线接头温度超过130℃,应立即申请停电处理。

三、强化气体绝缘CT检修管理

(一)检修试验

①例行试验项目及标准。气体绝缘电流互感器检修试验项目及标准应执行《国家电网公司变电检修管理规定》(试行)[国网(运检/3)831-2017]和DL/T393-2021《输变电设备状态检修试验规程》相关条款。

②SF_6分解产物检测。例行试验时,气体绝缘CT应开展SF_6分解产物检测,要求SO_2及H_2S含量为0。若检测结果显示气体绝缘电流互感器SF_6组分中含有SO_2或H_2S,则执行本章第二节"故障处置的诊断性试验"要求。

③SF_6微水检测。对于运行中的气体绝缘CT,SF_6气体中微水含量不应超过300μL/L。

(二)故障处置

①外观检查。气体绝缘CT所在间隔故障跳闸后,应首先对气体绝缘CT进行外观检查。重点关注气体绝缘互感器气压是否下降,防爆膜是否动作;二次接线盒及接地引

下线是否存在放电痕迹；二次绕组及二次线圈屏蔽罩引出端子是否可靠接地；外绝缘及一次接线端子等是否存在放电痕迹。

②诊断性试验。对气体绝缘 CT 开展诊断性试验，试验项目包括绝缘电阻测试、直流电阻测试、SF_6 微水检测及 SF_6 分解产物检测。

（a）SF_6 分解产物检测应分别在跳闸后及跳闸 12 小时后各开展一次。

（b）若检测结果显示气体绝缘电流互感器 SF_6 组分中 SO_2 或 H_2S 含量大于 1 μL/L，则可以确认气体绝缘电流互感器内部发生故障，则应更换故障电流互感器，并对故障电流互感器进行解体检查确认其故障原因。

（c）若检测结果显示气体绝缘电流互感器 SF_6 组分中 SO_2 或 H_2S 含量在 0~1 μL/L 之间，则应结合气体绝缘 CT 绝缘电阻试验结果来判断气体绝缘 CT 内部绝缘状况。若气体绝缘 CT 一次绕组绝缘电阻结果不合格，则可以确认气体绝缘电流互感器内部发生故障，则应更换故障电流互感器。若气体绝缘 CT 一次绕组绝缘电阻结果合格，则应对气体绝缘电流互感器进行交流耐压试验，试验电压为出厂试验值80%。若耐压试验不通过，则可以确认气体绝缘电流互感器内部发生故障，则应更换故障电流互感器；若耐压试验通过，则应按照出厂试验要求对气体绝缘 CT 开展 100% 出厂值的耐压试验，若试验不通过则应更换电流互感器；若试验通过，则结合设备厂家技术意见，可暂时恢复设备运行。运行期间应加强设备监测，每 3 个月开展一次 SF_6 分解产物带电检测工作，若 SO_2 或 H_2S 含量超过 1 μL/L，则应立即停电并更换电流互感器。

四、强化气体绝缘 CT 运维检修阶段技术监督

①规范气体绝缘 CT 选型。运行单位应规范气体绝缘 CT 选型工作，核查电流互感器技术参数是否满足装设地点运行工况（运行环境、短路电流、额定电流、二次负荷等）的要求。三相气体绝缘 CT 一相在运行中损坏，更换时应选用电压等级、电流变比、二次绕组、二次额定输出、准确级、准确限值系数等技术参数相同，且保护绕组伏安特性无明显差别的气体绝缘 CT。

②强化气体绝缘 CT 运输管理。运行单位应在设备技术规范中明确气体绝缘 CT 运输要求。设备到货后检查气体绝缘 CT 运输时气压是否在微正压状态，同时检查振动记录装置记录，若记录数值超过 10 g 一次或 10 g 振动子落下，则产品应返厂解体检查。

③强化气体绝缘 CT 接地检查。运行单位验收时应重点对气体绝缘 CT 接地进行检查。气体绝缘 CT 底座、二次线圈屏蔽罩（二次引线管）引出端子、二次绕组应可靠接地。公用电流互感器二次绕组应在保护柜屏内一点接地，独立电流互感器二次绕组应在开关场一点接地。

④强化气体绝缘 CT 反措标准执行。气体绝缘 CT 二次绕组端子应由二次接线板引出,严禁二次绕组在互感器内部短接。气体绝缘 CT 防爆装置应采用防积水、防冻胀结构,防爆膜应采用抗老化、耐锈蚀材料,防爆装置喷口不应朝向巡视通道。气体绝缘 CT 密度继电器的连接方式应满足不拆卸校验要求,户外安装时应加装防雨罩。二次接线盒、防雨罩、充气接头宜选用 06Cr19Ni10 的奥氏体不锈钢或耐蚀铝合金,不应使用 2 系或 7 系铝合金。

⑤强化气体绝缘 CT 耐压试验现场见证。气体绝缘 CT 安装后应严格按标准要求开展老练试验,老练试验后开展耐压试验,耐压试验电压为出厂试验值的 80%,耐压前后均应开展 SF_6 分解产物检测。运行单位应派人现场见证气体绝缘 CT 耐压试验,确保试验程序、试验电压、试验结果满足标准要求。